オブジェクト指向言語
Java

博士（情報理工学） 小林　貴訓
博士（工学）　　　 Htoo Htoo 共著
工 学 博 士　　　 大澤　　裕

コロナ社

まえがき

　このテキストは，プログラム言語 Java について解説しています．Java はオブジェクト指向という考え方をベースとしてつくられた言語です．オブジェクト指向言語では，プログラムの部品化を容易に行え，再利用しやすくなります．最近の多くのプログラミング言語は，Java と同様にオブジェクト指向言語です．したがって，Java を習得すれば C#や Visual Basic .NET, C++など，他のオブジェクト指向言語を学ぶときに，理解が容易になります．

　プログラミングは難しい作業ではありません．一度基本を覚えてしまえば，使用する言語が変わっても，容易に順応できるようになります．しかし，最初のプログラミング言語を覚えるときには若干の障壁を感じるかもしれません．その障壁を乗り越えるためには訓練が必要です．プログラミングを初めて学ぶ人にとっての訓練とは，このテキストのような教材に載っているプログラムを自分で実際にタイプし，コンパイルし，実行してみるという，一見単純作業の積み重ねが重要と考えます．自分でタイプすることにより，慣用句的な表現が記憶に残ります．また，プログラムのタイプミスが生じるかもしれません．その結果，コンパイル時にエラーが出力されます．もし，コンパイルエラーが生じたら新しいことを学ぶチャンスと考えてください．コンパイルエラーメッセージから原因を推測し，テキストのプログラムと見比べてみてください．エラーが発見できないときもあきらめず，友達と検討してください．最後には教員に聞き，必ず原因を理解してください．このような地道な訓練がプログラミング言語の基礎レベルの学修に非常に有益です．

　Java をはじめ，多くのプログラミング言語のテキストにはソースファイルが CD や DVD で付録として付けられています．すでにプログラミングの経験がある人が新しい言語を学ぶときには，それらは有効と思いますが，ビギナーのうちは必ず自分でタイプすることが重要です．

　大規模なプログラミングにおいては，Eclipse や NetBeans のような統合開発環境（IDE）を使います．それらにより，タイプが容易になったり，タイプミスの発見が早くなり，またデバッグも容易になります．しかし，初学者のうちは，これらは使わず是非テキストエディタとコマンドプロンプトでプログラミングをしてください．統合開発環境はプログラミングの基礎を習得した後で使えば効率化の面でたいへん有益です．しかし初学者のうちは，考えて，調べて，聞くという一見非効率な作業が，習得には有益と考えます．

　インターネット上には Java に関する情報があふれています．コンパイルエラーの意味や理

由がわからないときは，検索エンジンにコンパイルエラーメッセージをコピー，ペーストして尋ねることにより解決することもよくあります．プログラミング言語の習得に，インターネットも活用してみてください．

2016 年 9 月

大澤　　裕

---

† 本書に掲載の Java プログラムソースコードは，コロナ社 Web ページの本書の紹介ページ
　　　http://www.coronasha.co.jp/np/isbn/9784339028652/
にアーカイブデータをアップしております．必要に応じて，ダウンロードの上，ご活用ください．アーカイブデータ解凍の際のパスワードは以下のとおりです．
　　　OBjJaVa028652CorOnA
また，各章末にある章末問題の解答も併せて上記 Web ページに用意しておりますので，必要に応じてご利用ください．

目　　次

1.　とりあえず Java を使ってみる

1.1　プログラミング言語 Java ………………………………………………… 1
1.2　簡単なプログラム例 ………………………………………………………… 3
1.3　本 書 の 構 成 ………………………………………………………………… 5
章 末 問 題 ……………………………………………………………………… 6
演　　　　習 ……………………………………………………………………… 6

2.　Java の 基 礎

2.1　Java プログラムの構成 ……………………………………………………… 7
2.2　基本データ型と変数名 ……………………………………………………… 9
2.3　演　　算　　子 ……………………………………………………………… 12
　2.3.1　算術演算で用いられる演算子 ………………………………………… 12
　2.3.2　関係演算子と論理演算子 ……………………………………………… 13
　2.3.3　ビ ッ ト 演 算 子 ………………………………………………………… 14
　2.3.4　文字列と文字列結合演算子 …………………………………………… 14
　2.3.5　その他の演算子と演算子の優先順位 ………………………………… 16
2.4　配　　　　　列 ……………………………………………………………… 17
2.5　制　御　構　造 ……………………………………………………………… 19
　2.5.1　条　件　分　岐 ………………………………………………………… 19
　2.5.2　while 文と do-while 文 ………………………………………………… 21
　2.5.3　for　　　　文 ………………………………………………………… 22
　2.5.4　break 文と continue 文 ………………………………………………… 23
　2.5.5　コ　メ　ン　ト ………………………………………………………… 24
2.6　変数や定数の宣言とスコープ ……………………………………………… 24
2.7　データ型の変換 ……………………………………………………………… 25

2.8	列挙型	26
2.9	メソッド	27
2.10	簡単な入出力	30
	章末問題	31

3. クラスとJavaプログラムの基本

3.1	Javaプログラムの基礎	33
3.2	クラスおよびオブジェクトとインスタンス	36
3.3	フィールドとメソッド	37
3.4	基本データ型とクラスオブジェクトとの違い	40
3.5	コンストラクタ	42
3.6	クラス変数	45
3.7	クラスメソッド	47
3.8	Stringクラス	50
3.9	ラッパークラス	52
	章末問題	54
	演習	56

4. クラスの拡張

4.1	クラス拡張の準備	58
4.2	クラスの拡張	60
4.3	クラス拡張における留意点	62
4.4	ポリモーフィズム	64
4.5	アクセス修飾	68
4.6	Objectクラス	70
4.7	内部クラス	72
4.8	アノテーション	74
	章末問題	76
	演習	79

5. 抽象クラスとインタフェース

5.1 抽象クラスが必要になる状況 ……………………………………… 80
5.2 抽象クラス ……………………………………………………………… 82
5.3 インタフェース ………………………………………………………… 83
5.4 final 修飾子による拡張の制限 ……………………………………… 90
5.5 総　称　型 ……………………………………………………………… 90
5.6 総称型クラスの限定適用 ……………………………………………… 92
5.7 匿 名 ク ラ ス …………………………………………………………… 94
5.8 Lambda（ラムダ）式 …………………………………………………… 97
章 末 問 題 ………………………………………………………………… 99
演　　　習 ………………………………………………………………… 100

6. パッケージと例外処理

6.1 パ ッ ケ ー ジ …………………………………………………………… 101
6.2 パッケージの作成 ……………………………………………………… 103
6.3 jar ………………………………………………………………………… 105
6.4 例　外　処　理 ………………………………………………………… 106
6.5 例外クラスの定義法 …………………………………………………… 112
章 末 問 題 ………………………………………………………………… 114

7. GUI プログラム

7.1 JavaFX による簡単なプログラム …………………………………… 116
7.2 コントロールの配置 …………………………………………………… 119
7.3 イベント処理の基本 …………………………………………………… 121
7.4 レイアウトの方式 ……………………………………………………… 123
　　7.4.1 HBox ……………………………………………………………… 124
　　7.4.2 BorderPane ……………………………………………………… 124
　　7.4.3 GridPane ………………………………………………………… 126

7.4.4　FlowPane ……………………………………………………… 127
　　　7.4.5　Pane を組み合わせたレイアウト …………………………… 127
7.5　色やフォントの設定 ………………………………………………………… 129
章　末　問　題 …………………………………………………………………… 132
演　　　　　習 …………………………………………………………………… 133

8. さまざまなコントロール

8.1　チェックボックス ………………………………………………………… 135
8.2　ラ ジ オ ボ タ ン ………………………………………………………… 137
8.3　テキストフィールド ……………………………………………………… 139
8.4　テキストエリア …………………………………………………………… 140
8.5　コンボボックス …………………………………………………………… 141
8.6　プルダウンメニュー ……………………………………………………… 143
8.7　ス ラ イ ダ ………………………………………………………………… 144
8.8　　　　FXML …………………………………………………………… 146
章　末　問　題 …………………………………………………………………… 148
演　　　　　習 …………………………………………………………………… 149

9. 図　形　の　描　画

9.1　　　　Shape …………………………………………………………… 150
9.2　GraphicsContext2D を用いた描画 ……………………………………… 151
9.3　マウスイベントの処理 …………………………………………………… 154
9.4　キーボードイベントの処理 ……………………………………………… 156
9.5　ウィンドウアプリケーションの実際 …………………………………… 157
　　　9.5.1　プログラムの動作 ………………………………………………… 157
　　　9.5.2　Polygon クラス …………………………………………………… 158
　　　9.5.3　プログラムの説明 ………………………………………………… 159
9.6　画　像　の　表　示 ……………………………………………………… 160
章　末　問　題 …………………………………………………………………… 162
演　　　　　習 …………………………………………………………………… 162

10. ファイルの入出力

- 10.1 基本的な入出力 ································ 163
- 10.2 Scanner による入力 ···························· 166
- 10.3 PrintStream を用いた出力 ······················ 169
- 10.4 ファイルに関する属性を知る ···················· 170
- 10.5 バイトストリーム ······························ 172
- 10.6 ランダムアクセスファイル ······················ 174
- 10.7 ファイルチューザ ······························ 177
- 章末問題 ·· 179
- 演習 ·· 180

11. クラスライブラリー

- 11.1 Math クラス ···································· 182
- 11.2 Arrays ·· 184
- 11.3 時間と日付 ···································· 185
- 11.4 コレクションクラス ···························· 187
- 11.5 コレクションクラスのインタフェース ············ 188
- 11.6 コレクションクラスの例 ························ 191
  - 11.6.1 ArrayList クラス ························ 191
  - 11.6.2 Stack クラス ···························· 193
  - 11.6.3 HashMap クラス ·························· 194
  - 11.6.4 PriorityQueue クラス ···················· 195
  - 11.6.5 TreeSet ································ 195
  - 11.6.6 拡張 for 文とイテレータ ·················· 196
  - 11.6.7 その他のコレクションクラス ·············· 197
- 11.7 Stream ·· 197
- 章末問題 ·· 199
- 演習 ·· 200

12. マルチスレッド

12.1 Thread クラスによるマルチスレッドの実現 …………………………… 201
12.2 Runnable インタフェースによるマルチスレッドの実現 …………… 204
12.3 スレッドへの割込み ………………………………………………… 205
12.4 スレッドの終了を待つ ……………………………………………… 207
12.5 スレッド間の同期 …………………………………………………… 209
12.6 スレッド間通信 ……………………………………………………… 211
章 末 問 題 …………………………………………………………… 214

付録　Javaのドキュメント ……………………………………………… 215
索　　　引 ……………………………………………………………… 218

1 とりあえず Java を使ってみる

Java Programming

　本章では，まず Java 言語の性質と入手法を説明します．つぎに，Java 言語で書かれたプログラムの実行法を述べます．Java 言語は，コンパイルにより class ファイルが作成されます．そのファイルを Java 仮想マシンというプログラムで解釈し実行します．最後に，本書の構成を述べます．

1.1　プログラミング言語 Java

　Java は 1990 年代初頭に，Sun Microsystems 社の James Gosling と Bill Joy らにより開発されたオブジェクト指向型言語です．Java の構文規則は C 言語と C++ 言語の影響を強く受けています．そのため，これらの言語をすでに知っているプログラマには習得しやすい言語です．

　読者の中には最初のプログラミング言語として C 言語などのコンパイラ言語を習得している方も多いことでしょう．Java はそれらコンパイラ言語と同様にコンパイルし，しかし少し異なる方法で実行します．コンパイラ言語では，コンパイラにより機械語への翻訳，ライブラリーとのリンクが行われた後，動作環境（OS や CPU の種類）に応じた実行形式のファイルがつくられます．そして，その実行形式のファイルを起動してプログラムを実行します．

　一方，Java ではコンパイラによりクラス（class）ファイルと呼ばれる，実行環境に依存しない中間的なファイルがつくられます．このファイルに含まれる命令はバイトコードと呼ばれます．そのコードを，JRE（Java Runtime Environment）という環境の下で実行します．これは，さまざまな実行環境の下で同じプログラムを動作させるための工夫です．似た仕組みは，Microsoft 社が中心になり開発された .NET と呼ばれる環境でも用いられています．

　この仕組みを用いることにより，Java ではソースファイルをバイトコードに変換するコンパイラのみを作成すればよく，そのコンパイラにより作成された class ファイルはインターネットなどを通じて配布できます．このコンパイラはすべての環境で同一のものとすることができます．一方，class ファイルは，環境ごとに異なる JRE を用意することにより実行できます．JRE には，class ファイルを読み込み実行する Java 仮想マシン（Java virtual machine,

Java VM) の他，実行に必要となるクラスライブラリーなどが含まれています．ここに含まれるクラスライブラリーは，Java プログラムの実行に際して必須のものであり，コアクラスと呼ばれます．JRE にはこの コアクラスが jar（Java Archiver）と呼ばれるアーカイブ形式で含まれています．

　Java 仮想マシンの中では，実行時にバイトコードから実際に実行する環境に応じた機械語に変換されます．したがって，直接機械語に変換された実行形式のファイルを実行させる場合と比較して動作速度は若干低下します．そこで，実行時にそのつど機械語に変換するのではなく，バイトコードを実行前に機械語に変換する方式（JIT (just in time) コンパイラ）や，ループ部分などの実行頻度の高い部分を検出してその部分を機械語に変換する方式（Hotspot VM）などの工夫もなされています．Android OS で用いられている ART（Android RunTime）仮想マシンでは，あらかじめバイトコードをネイティブコードに変換しておくことにより，高速実行を可能にしています．

　Java 言語で書かれたソースファイルを class ファイルに変換するコンパイラや，Java クラスライブラリー，Java アーカイバなどのソフトウエア開発に必要なツール類，および先に述べた JRE をまとめたものは Java SE（Java Platform, Standard Edition）と呼ばれ，Oracle 社[1]の Web ページで公開され，無償でダウンロードして利用できます．またこの開発キットは JDK（Java Development Kit）という略称で呼ばれています．Java のバージョンは 1.1, 1.2, ..., 1.7, 1.8 と更新されてきましたが，1.5 は JDK 5 と呼ばれ，1.6 は JDK 6 と呼ばれています．2016 年 6 月時点での JDK の最新バージョンは JDK 8 です[2]．この中には実行環境である JRE も含まれていますが，JRE のみも同ページからダウンロードできます．

　Java ソースファイルのコンパイルは **javac** というコマンドで，また Javaclass ファイルの実行は **java** というコマンドで行います．Java プログラムを開発し，実行しようとするパソコン上にすでにこれらのソフトウェアがインストールされているかの確認は，以下のコマンドで行えます．また，その際にバージョン番号が表示されますが，本書で述べるすべての機能の実行には，javac および java 共に Java 1.8 以降のバージョン（すなわち Java 8 以降）が必要です．

[実行例]
```
% java -version
java version "1.8.0_60"
Java(TM) SE Runtime Environment (build 1.8.0_60-b27)
```

---

[1] Sun Microsystems 社は 2012 年 1 月に Oracle 社に吸収合併されました．
[2] ダウンロードページの URL は http://www.oracle.com/technetwork/java/javase/downloads/index.html です．なお，本書に掲載の URL は，編集当時のものであり，変更される場合があります．

```
Java HotSpot(TM) 64-Bit Server VM (build 25.60-b23, mixed mode)

% javac -version
javac 1.8.0_60

%
```

1.2 簡単なプログラム例

以下に Java による簡単なアプリケーションプログラムの例（プログラム 1.1）を示します．本書では以下，プログラムをつぎの形式で記述しますが，左端の数字列は説明のための行番号です．実際のプログラムには入力不要（あればエラーとなる）です．

[プログラム 1.1: ch1/Hello.java]
```
1    class Hello {
2        public static void main(String[] args) {
3            System.out.println("Hello, World.");
4        }
5    }
```

このプログラムが Hello.java というファイル名でつくられているとき，これを以下のコマンドによりコンパイルし，実行できます．本書では，実行例を示すとき，% を OS からのプロンプト（督促記号）として用います．実行させるときには，% のつぎの文字から入力してください．

[実行例]
```
% javac Hello.java      <-- コンパイル
% java Hello            <-- 実行
```

図 1.1 は，上で述べた処理の流れを示しています．まず，テキストエディタでつくられた Java ソースファイル（Hello.java）から，Java コンパイラにより class ファイル（Hello.class）が作成されます．Java 仮想マシン（JVM）がその class ファイルを読み込み解釈して実行します．

プログラム 1.1 とその実行例，および図 1.1 を基に，Java プログラムの構造について述べます．

Java のソースファイルは，すべてクラス（class）の中に記述します．つまり，プログラム 1.1 の例では，class Hello のつぎに書かれた '{' と 5 行目の '}' の中に書きます．このように { と } で囲まれた範囲をブロックといいます．大規模なプログラムでは，クラスが多数つくられることになります．また，通常は，一つのアプリケーションが多数のソースファイルから構成されています．その際に，一つのクラスは必ず一つのソースファイル内で完結してい

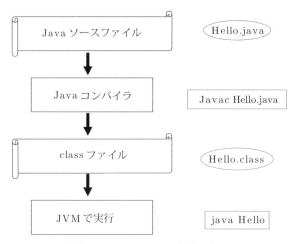

図 1.1 Hello.java の実行の流れ

なければならない，という決まりがあります．つまり，一つのクラスの記述が複数のソースファイルにまたがってはなりません．

Java のソースファイルはコンパイラ（javac）によりクラスファイル（.class という拡張子が付いたファイル）に翻訳されます．ソースファイル中に複数のクラス定義が含まれる場合には，一つのクラス（この例ではクラス Hello）が一つのクラスファイルに翻訳されます．

2 行目に書かれている関数（Java ではメソッドと呼ばれる）main がプログラムの開始点です．Java のアプリケーションは，実行時に指定されるクラスの main というメソッドから実行が開始されます．したがって，一つのクラスからなるアプリケーションはそのクラスに，多数のクラスからなるアプリケーションではどれか一つのクラスに main というメソッドが記述されている必要があります．実行例の 2 行目で，java コマンドにつづけて Hello と指定していますが，これは Hello というクラスに main メソッドが書かれていて，その Hello クラスの main メソッドから実行を開始することを指示しています．

main メソッド内に記述されたコードは，上から 1 行ずつ実行されます．ただし，繰り返しや他のメソッドの呼び出し，分岐があるときには，そのコードの指示に従った順序で実行されます．そして，main メソッドの最終行の実行を終えたとき，プログラムは終了します．この例では，実行する命令は 3 行目に書かれたただ 1 行であり，これはコンソールに "Hello, World." というメッセージを出力するものです．

先に述べたように，Java では Java 仮想マシンがバイトコードを機械語に翻訳しながら実行するという形をとります．実行例の 2 行目は，java コマンドで Java 仮想マシンを起動し，そのコマンドの引数に実行するクラスファイルを指定しています．ここで指定される class ファイルにはプログラムの開始点である main メソッドが必ず含まれており，そこから翻訳・実行が開始されます．プログラムの実行中，他のクラスファイルが必要になったとき，Java 仮想マシンは自動的にそのクラスファイルを探し，読み込み，翻訳実行を継続します．

1.3 本書の構成

　本書は，C言語などの手続き型のプログラミング言語を学んだ読者を対象に，オブジェクト指向プログラミングとグラフィカルユーザインタフェースを備えたプログラムのつくり方を説明しています．本書は以下のように構成されています．

　1章では，Java言語の基礎的な背景と，プログラムのコンパイル，実行の方法について説明しました．

　2章では，変数や定数の型，演算子，配列，制御構造，変数のスコープなど基本的な事項について説明します．この章で述べている内容はC言語を知っている読者にはなじみのあるものと思います．ただし，C言語と微妙に異なる部分がありますので，一度目を通しておくことをお勧めします．

　3章から5章まででJava言語において最も重要なクラスやインタフェースについて説明しています．3章ではクラスの基本的な事項について説明しています．4章では，すでに定義されているクラスに新しい機能を追加する方法について説明します．5章では，インタフェースという，クラスの特殊な形について説明します．Javaではこのインタフェースにより多重継承という機能が実現されています．またラムダ式というJavaでは比較的新しい機能についても説明しています．

　大規模なプログラムは，多数のクラスから構成されます．別の人がつくったクラスを利用する場合に，同じクラス名が別の機能のクラスで使われている場合があります．そのようなクラス名の衝突を避けるためにJavaではパッケージという仕組みを使います．また，プログラムでエラーが発生したとき，例外処理という手続きが必要になります．これらの機能について6章で説明します．

　7章から9章までで，グラフィカルユーザインタフェース（GUI）を用いるプログラムのつくり方を説明します．GUIプログラムでは，ボタンやプルダウンメニューなど，あらかじめ用意されている部品を組み合わせて画面を作成します．Javaではこの部品集にいくつかの種類がありますが，本書では最新のJavaFXという部品集の使い方について説明しています．現在は，AWTやSwingなど歴史的に長く使われ，したがって情報も多く得られる部品集が広く使われていますが，今後はJavaFXを用いる機会が増えるものと予想します．

　10章ではファイルの入出力について説明します．この章を学ぶことにより，ファイル中に書かれているデータを読み込んだり，またファイルにテキストやデータを書き込むことができるようになります．

　Javaでプログラムの作成時によく使われるデータ構造や手続きがライブラリーに含まれています．11章ではそれらのライブラリーの使い方について説明します．大規模なデータの集まりをプログラム中で管理し，検索などの処理をライブラリーを用いて容易に行えます．

　最後に12章ではマルチスレッドプログラムについて説明します．このマルチスレッドを用いることにより，多数のユーザからの同時の問合せに応えるシステムや，分散協調型のシステムなどを構築できます．また，GUIプログラムでもマルチスレッドが使われています．

Javaのクラスライブラリーにはたくさんの有益なクラスが含まれています．それらのクラスについて，本書の中で個々に細かく説明することはできません．しかし，Javaではクラスライブラリーのマニュアルが整っています．そのマニュアルの利用の仕方を付録で説明しています．6章までの基礎知識があればマニュアルを調べることにより，各クラスがもつ便利な関数（メソッド）を知ることができます．

プログラミングは，本を読み，知識をつけるだけでは上達しません．多くのプログラムを書いてみることが重要です．各章末に演習問題を乗せてあります．是非これらの問題に挑戦してください．

章 末 問 題

【1】 つぎのプログラムは，あるクラス内に書かれたmainメソッドである．空白部分を埋めなさい．

```
   (1)    main(  (2)   args) {
  System.out.println("Hello, World.");
}
```

【2】 以下には，Program.javaというJava言語で書かれたソースファイルをコンパイルし，実行する手順を示している．%をコンソールのプロンプトとするとき，空白部分を埋めなさい．

```
% (  (1)  ) Program.java
% java (  (2)  )
```

【3】 つぎのプログラムがファイル名CompileError.javaという名前でつくられている．これをjavacコマンドでコンパイルし，実行しようとしたところ，以下のエラーメッセージが出力された．エラーの理由と，修正法を示しなさい．

```
class CompileError {
    void main() {
        System.out.println("Hello World!");
    }
}
```

[実行例]
```
%javac CompileError.java

%java CompileError
エラー：メイン・メソッドがクラスCompileErrorで見つかりません。つぎのように
メイン・メソッドを定義してください。
   public static void main(String[] args)

%
```

演 習

1.1 日常的に使えるコンピュータにJavaをインストールして，使えるようにしなさい．

2 Java の基礎

Java Programming

本章では，Java の基本的な文法について述べます．Java の基本データ型，演算子，構文規則は C 言語（および，C++言語，C#言語）と似通っているため，これらの言語をすでに習得している読者には学びやすい言語です．しかし少しの違いがあるので，その違いに注意して学ぶ必要があります．

2.1 Java プログラムの構成

前章で扱った Hello.java のプログラムで示したように，Java のプログラムはクラス（class）を単位として記述されます．プログラムは，実行時に java コマンドで指定したクラスの main メソッドから実行が開始されます．なお，Java では関数をメソッドと呼びます．

プログラム 2.1 にアプリケーションプログラムの簡単な例を示します．このプログラムは，1 から 10 までの整数を加え合わせ，その結果を表示するものです．

[プログラム 2.1: ch2/Sum.java]

```
1   class Sum {
2       public static void main(String[] args) {
3           int total=0;
4           for(int i=1; i<=10; i++)
5               total=total+i;
6           System.out.printf("total=%d\n",total);
7       }
8   }
```

[実行例]
```
% java Sum
total=55
```

クラス Sum には，一つのメソッド main が書かれています．メソッド名 main の前に public, static, void の三つの単語が書かれていますが，これらは皆必要です．まず，void はこのメソッドが値を返さないことを表しています．メソッドは呼び出し元に return 文により値を返すことができます．値を返す場合には，メソッド定義で返す値のデータ型を指定します．他の public と static の意味については後述します．

3行目では，このメソッド内で用いる変数を宣言しています．この宣言では，変数名は total であり，その変数の型は int 型であり，かつその初期値を 0 にすることを示しています．メソッド中で定義した変数は，必ず初期化されなければなりません．この場合には，total を定義した時点で，その値を 0 で初期化しています．変数値は，その変数を定義するときに初期化しなくてもかまいませんが，その変数値を用いて演算するときや，変数値を印字出力する際に値が代入されていないとコンパイルエラーになります．つぎの例は，3 行目を `int total;` に変えて，つまり 0 の値で初期化しないでコンパイルしたときに出されるコンパイルエラーを示しています．ここでは，変数 total の値が初期化されていないため，5 行目で total に i の値を加算する際と，6 行目で total の値を印字出力する際に，total の値が初期化されていないことを示すコンパイルエラーが出力されています．

[実行例]
```
% javac Sum.java
Sum.java:5: エラー: 変数 total は初期化されていない可能性があります
            total=total+i;
                  ^
Sum.java:6: エラー: 変数 total は初期化されていない可能性があります
        System.out.printf("total=%d\n",total);
                                        ^
エラー 2 個

%
```

4 行目は繰り返しによく用いられる for ループと呼ばれる制御構造です．変数 i の値を最初は 1 にし，その値が 10 以下のうち，i の値を 1 ずつ増やしながら 5 行目を繰り返しています．ここで，`int i=1;` という宣言が書かれていますが，これは i という名前の変数を用いることと，その変数のデータ型が整数 (int) であり，さらにその変数の値を 1 で初期化することを示しています．このように Java では変数が必要になった時点で，その変数を宣言して用いることができます．5 行目は，変数 total に i の値を加えています．この文が for ループの繰り返しで実行される文です．6 行目では，total の最終結果を printf メソッド (System.out.printf) によりコンソール上に表示しています．

この printf の機能は C 言語での関数 printf とほぼ同じです．しかし C 言語になじみのない読者のために簡単に説明します．printf はコンソールに文字や数値を表示する関数（メソッド）です．6 行目では 2 重引用符で囲まれた文字列と total という変数の二つの引数をもっています．最初の文字列部分のうち，% の直前までは文字列がそのまま出力されます．つぎの%d は，この位置に total の値を整数値で表示することの指示です．それにつづく\n は改行することを意味します．もし実数の値を表示したい場合には，%d の代わりに%f と書きます．表示する変数の数は 2 以上に増えてもかまいません．そのときには，第 1 引数の文字列の中に，第 2 引数以降のデータを出力するための書式（%d や%f など）を，表示する個数分記述します．

2行目末尾の開中括弧（{）から7行目の閉中括弧（}）までが main メソッドの範囲です．このように中括弧で囲まれた範囲をブロックと呼びます．同様に，1行目末尾に付けられている開中括弧から8行目の閉中括弧までもブロックであり，これはクラス Sum の範囲を示しています．

3行目の変数の宣言，5行目の計算および結果の代入，6行目のメソッドの呼び出しでは，最後にセミコロン（;）が置かれています．ここに示されているように，変数の宣言や演算式，メソッド呼び出しには文の終わりにセミコロンを付加します．

2.2 基本データ型と変数名

Java では表 2.1 に示すデータ型が基本データ型として用意されています．この表で，名前欄が基本データ型の名前，値の範囲はそのデータ型が保持できる値の範囲を，最後の初期値は次章で述べるクラスの変数として用いられる際に，変数の値を初期化しなかった場合に自動的に代入される値です．ただし，前に述べたように，メソッド中で宣言する変数では自動的な初期化は行われず，値が代入されていない変数の値を読もうとするとコンパイルエラーになることに注意してください．

表 2.1 基本データ型

名　前	値 の 範 囲	初期値
boolean	true または false をとる論理値	false
char	Unicode の 2 バイト文字	\u0000
byte	1 バイト整数（2 の補数値）	0
short	2 バイト整数（2 の補数値）	0
int	4 バイト整数（2 の補数値）	0
long	8 バイト整数（2 の補数値）	0
float	4 バイト浮動小数点数	0.0
double	8 バイト浮動小数点数	0.0

boolean は真 (true) または偽 (false) のいずれかの値をとり得るデータ型です．char は文字用のデータ型です．Java では文字コードとして 2 バイトで 1 文字を表す Unicode（UTF–16）が用いられています．したがって，一つの char 型の変数に英文字，数字の他，漢字やひらがな 1 文字を記録することができます．

byte から long までは整数値を表現するデータ型であり，それぞれの型に応じて記録できる値の大きさが異なっています．これらの値は 2 の補数表現により正と負の値が記録されます．例えば，byte 型の変数は -128 から 127 の範囲の値を記録することができます．

float と double は実数値を表現する型であり，double のほうが float よりバイト数が多いことから高い精度でより広い範囲の実数値を記録することができます．ただし，2 倍のメモリーを必要とします．

変数の宣言は，プログラム 2.1 の 3 行目に示したように，これらの型につづけて変数名を指定します．同じ型の変数を多数宣言する際には，カンマ（,）で区切って並べます．例えば，以下のように宣言します．

```
int i,j,k;
double a,b,c;
```

変数の宣言と同時に，変数名につづけてイコール（=）と値（定数値，リテラルと呼ばれる）を記述することにより，その初期値を設定することができます．以下に初期値の設定例を示します．

```
boolean yn=true;
char eng='A', jap='あ';
int i=10;
long j=1000000L;
float f=0.001, g=1.0E-3;
double d=1.2345D;
```

文字定数の記述は，文字をシングルクォート（'）で囲みます．この他に，文字の Unicode を 16 進数で指定できます．例えば，'あ' と '\u3042' は同じ文字を表します．さらに，特殊文字もバックスラッシュ（\）を用いて，\n（改行），\r（復帰），\b（バックスペース），\\（\文字），\'（シングルクォート），\"（ダブルクォート）などのように記述できます．

整数値は，10 進数の他，2 進数，8 進数，16 進数でも指定できます．2 進数の場合には先頭に 0b または 0B を付けた数字列（例えば 0b101），8 進数の場合には，8 進数表記の先頭に 0 を付けた数字列（例えば，0662），16 進数の場合は 16 進数表記の先頭に 0x（または 0X）を付けた 16 進数の文字列（例えば，0x10ab または 0X10AB）で表現します．また，long 型の値を明に指定するためには，数値の末尾に l（または L）を付けます（例えば，12345L）．

float 型と double 型をまとめて浮動小数点型と呼びます．これらには 0.001 のように小数点以下の値を代入できます．また，1 未満の値では，先頭の 0 を省略して，.001 のようにも記述できます．10^{-3}（0.001）の形で数値を表現する際には，1.e-3 のように e または E につづけて指数部を指定します．float 型であることや double 型であることを明に示す場合には，数値の末尾に f または F を付けることにより float 型を表し，d または D を付けることにより double 型を表します．なおなにも指定しない場合には，その定数値（リテラル）は double 型となります．

宣言した後，値を変えたく（変えられたく）ない定数を宣言するためには，変数宣言の前に final を記述します．例えば，つぎのように記述すると，PI は定数となり，その値を変える（別の値を代入する）ことができなくなります．つまり，値を変更している行でコンパイルエラーが出されます．

```
final double PI=3.1415926;
```

クラス名，変数名，メソッド名や，後に述べるフィールド名など，他と識別するために付けられた固有の名前を識別子と呼びます．識別子には，英大文字の A～Z，英小文字の a～z，数字の 0～9，および下線（_）と $ を用いることができます．ただし識別子は数字以外の文字

から始まる必要があります．識別子の文字数の制限はありません．大文字と小文字は別のものとして区別されます．したがって，Data と data は異なる変数とみなされます．表 2.2 にある文字列は予約語であり，識別子に用いることができません．

表 2.2 Java の予約語

abstract	assert	boolean	break	byte	case
catch	char	class	const	continue	default
do	double	else	enum	extends	final
finally	float	for	goto	if	implements
import	instanceof	int	interface	long	native
new	package	private	protected	public	return
short	static	strictfp	super	switch	synchronized
this	throw	throws	transient	try	void
volatile	while				

上で述べた規則に従えば，変数やクラス名などの識別子に自由な名前を付けることができますが，Java の標準ではつぎのルールで名前が付けられます．

───識別子への標準的な命名規則───

- クラス名は英大文字で始める（例えば，Object）．また複数の単語からなるクラス名は各単語の先頭文字を大文字にする（例えば，StringBudder）．このような表記法はパスカルケースと呼ばれます．
- 変数名，フィールド名，メソッド名は小文字で始める（例えば，total）．単語がつづく場合には，単語の始まりの文字を大文字にする（例えば，actionPerformed）．このような表記法はキャメルケース（camel case）と呼ばれます．
- 定数を表すときはすべてを大文字にする（例えば，PI）．複数の単語からなる場合にはアンダーラインで区切る（例えば，MAX_VALUE）．このような表記法はスネークケースと呼ばれます．

実際に用いられることは少ないですが，英文字に加えて識別子に日本語文字（漢字やかな）を用いることもできます．例えば，プログラム 2.2 はプログラム 2.1 のクラス名と変数名を漢字に変えたものです．

[プログラム 2.2: ch2/整数和.java]

```
1   class 整数和 {
2       public static void main(String[] args) {
3           int 合計=0;
4           for(int 数=1; 数<=10; 数++)
5               合計=合計+数;
6           System.out.printf("合計=%d\n", 合計);
7       }
8   }
```

[実行例]
```
% java 整数和
合計=55
```

2.3　演　算　子

JavaではC言語やC++言語の演算子をほぼ同じ意味で用いることができます．またいくつかの演算子が新たに追加されています．Javaの演算子は，算術演算子，代入演算子，論理演算子，ビット演算子，関係演算子，条件演算子，等価演算子などに分類されます．また，オブジェクトの生成演算子（new）や配列で用いられる添字演算子，キャスト演算子などもあります．ここでは，基本的な演算子について述べます．

2.3.1　算術演算で用いられる演算子
加減乗除や剰余を求める演算は，以下に示す形で記述されます．

```
i=j*2; /* 乗算 */
j=j/2; /* 除算 */
k=i+j; /* 加算 */
m=i-j; /* 減算 */
n=i%2; /* 剰余 */
```

上の式において，それぞれ*は乗算，/は除算，+は加算，−は減算，%は剰余の算術演算子です．また=は代入演算子であり，右側の演算を行った結果を左側の変数に代入します．除算においては注意が必要です．整数型の値同士の除算では，結果も整数値になります．例えば10/3では，結果が3となります．一方，/演算子の左か右のいずれかの項に実数型（float型またはdouble型）が含まれれば，その結果は実数型となります．例えば，10.0/3や10/3.0の結果は3.333...となります．これらの演算子は，その左右に変数やリテラル（2や10.5のような定数）が置かれることから2項算術演算子と呼ばれます．

剰余は，割り算を行ったときの余りを求める演算です．例えば10%3の結果は1になります．この演算子は実数型にも用いることができ，例えば10.5%2.4の結果は，0.9になります．

j=j+2のように，ある変数（ここではj）に算術演算を行い，その結果を同じ変数（j）に代入する場合には，j+=2とも書くことができます．これを複合代入演算子といいます．これは加減乗除および剰余のいずれにおいても用いることができます．例えば，j-=2, j*=2, j/=2, j%=2のように書かれます．

後に述べるforループなどで，ある変数の値を1ずつ増やしながら，または一つずつ減らしながら繰り返す演算がよく行われます．例えば，i=i+1やi=i-1です．そこで，これらに関してはインクリメント演算子，デクリメント演算子が用意されています．これを用いてi=i+1はi++, i=i-1はi--と書けます．上の例は，変数の後に演算子を置く（後置）ものですが，変数の前に演算子を置く形（前置）もあります．すなわち，++iや--iです．両者の違いは，変数の値を参照した後，値を更新する（後置）か，変数の値を参照する前に値を

更新する（前置）かの違いです．例えば，
```
    int i=5, j=5;
    System.out.printf("%d %d\n",i++,++j);
```
を実行すると，「5 6」と表示されます．iとjの値は最初共に5ですが，i++は後置であるので，表示のためにiの値を参照したときは5であり，参照後6に増加します．一方，jでは表示のために値を参照する前に6に増加させ，その値が表示されています．この演算子は実数型の変数に対しても適用できます．

　変数の値を正負逆転させるためには-（マイナス）演算子を用います．また，負のリテラルの指定にも，リテラルの左側にこの演算子を置きます．同様に，正の値であることを明に示すために，+をリテラルの左側に置くことができます．以下に例を示します．
```
    int i= -10;    /* i には -10 が入れられる */
    int k= -i;     /* k の値は  -(-10), すなわち +10 になる */
    double d= +10.5; /* 10.5 の値が正の数であることを明示できる */
```
インクリメント/デクリメント演算子や，すぐ上で説明した意味での-や+の演算子は，変数やリテラルを一つしかもたないため，単項演算子と呼ばれます．

2.3.2 関係演算子と論理演算子

　後に述べるif文やwhile文において，二つの値の大小比較を行い，その真偽によりプログラムの流れを制御することが多く行われます．このように二つの変数（や定数）の値の比較を行う演算子を関係演算子と呼び，==, !=, <, <=, >, >=があります．==は左右の値が等しいとき真になり，逆に!=は左右の値が等しくないときに真になります．<は左の値が右の値未満のとき真に，>は左の値が右の値より大きいとき真になります．残りの<=と>=はそれぞれ値が等しいときにも真になる演算子です．関係演算子を用いた演算結果を変数に代入する場合には，その変数の型をboolean型とします．この例を以下に示します．
```
    boolean yn=10 < 20;
    System.out.printf("yn=%b\n",yn);
```
上のプログラムの実行結果は「yn=true」となります．この例のように，boolean型の値をprintfで表示するときは，その表示位置に%bを置きます．

　関係演算子が用いられた式同士を結び，より複雑な条件を設定するために論理演算子が用いられます．&&は左右の二つのboolean式の値が共に真のとき条件全体でも真となり，それ以外のとき偽となる演算子です．||は，この演算子の左右の式のいずれかが真のとき，条件全体でも真となる演算子です．

　これらの演算子は，例えばif文の中でつぎのように用いられます．この例では，変数iの値が10以上かつ20以下であるかを1行目で比較し，もしその結果が真なら2行目が実行され，それ以外のとき4行目が実行されます．
```
    if(i>=10 && i<=20)
      System.out.printf("i は 10 以上, 20 以下\n");
    else
```

```
System.out.printf("iは10未満，または20を超える\n");
```

これらの演算子と共に用いられる演算子に，単項の論理否定を表す演算子 '!' があります．これは !(i==2 || i==3) のように用いられ，この例ではiの値が2か3のとき全体で偽となります．この例に示すように，式が括弧 ('(' と ')') で囲まれているとき，その括弧内の値が先に計算されます．

&&は式の左側の項から真偽を判断し，それが偽の場合には右側の項が調べられません．また，||についても，左側の項を調べ，その値が真の場合には右側の項は調べられません．つまり，論理式全体の値が決定した時点で，以降の論理式の評価を終了することから，演算の効率が上がります．これらの論理演算子はショートサーキット演算子と呼ばれます．特別な理由がなければ，これらを使うことをお勧めします．

さらにJavaでは，論理演算子の&&と||に加えて，&と|も使うことができます．&と|では，つねに右と左の項が調べられます．したがって，項の真偽が調べられることによりなんらかの状態が変わる場合（これは副作用とも呼ばれます）には，おのおのの論理演算子の性質を理解して使う必要があります．

2.3.3 ビット演算子

整数型の変数において，ビットごとの演算を行うために多数の演算子（ビット演算子）があります．まず，単項の演算子として~（チルダ）があり，ビットごとの反転を行います．例えば，あるbyte型変数iの値の2進数表現が01001100であるとき，~iの結果は10110011となります．

ビット演算の2項演算子としては，この他に|, &, ^があり，それぞれ左右の変数のビット値同士の論理和，論理積，排他的論理和を求めます．

変数のビット表現を，左方向や右方向に指定されたビット数分シフトする演算子には，左シフト<<，右の算術シフト>>，および右の論理シフト>>>があります．これらは，例えば i<<3 のように用いられます．この例では変数iのビット表現を3ビット分左方向にシフトします．例えば，変数iの値が01001100のとき，01100000となります．この例のように左シフトであふれたビットは捨てられます．右シフトには算術シフトと論理シフトの二つがありますが，これは元の値の2の補数表現での正負を保つ（算術シフト）か保たない（論理シフト）かの差です．例えば，変数jの値を10010011とするとき，j>>2の結果は，11100100となり，j>>>2の結果は，00100100となります．つまり，算術シフトでは最上位ビットの値がシフトの度に左端に追加されますが，論理シフトでは0が左端に追加されます[†]．

2.3.4 文字列と文字列結合演算子

Javaでは，文字列は基本データ型ではありません．文字列はStringというクラスのオブジェクトです．Stringクラスについては3.8節で説明しますが，それまではつぎのように扱

[†] ここでは2進数のビット表現を短くするために，byte型の変数で説明しました．しかし，byte型のデータのビット反転やビットシフトを行うと，結果のデータ型がintに変わります．したがって，結果をbyte型で得るためには，byte j=(byte)~i のように明示的な型変換を行う必要があります．これについては2.7節で説明します．

うものと理解しておいてください．
- 文字列型の変数の宣言では，`String s;`のように，データ型として`String`を指定する．
- 文字列型の定数（リテラル）は`"abc"`のように二重引用符で囲む．

ここでは文字列型の演算子としてよく使われる+を説明します．+演算子が文字列同士の間で使われるとき，+の左右の文字列の連結を意味します．例えば

```
String s="Hello, "+"Java";
```

では二つの文字列が結合され，s には "Hello, Java" が代入されます．

また，文字列に，基本データ型の変数（やリテラル）を+演算子で結合すると，変数（やリテラル）の値が文字列に変換されて，全体として文字列になります．例えば，つぎの文を実行すると，sの内容は，「変数iの値は，10です．」となり，コンソールにはそのように表示されます．printfを用いて文字列を表示するときには，つぎの例のように表示位置に`%s`を置きます．

```
int i=10;
String s="変数iの値は, "+i+"です. ";
System.out.printf("%s\n",s);
```

コンソールに計算結果などを表示するメソッドとして，いままでSystem.out.printfを用いてきました．詳しくは10章で述べますが，System.outはPrintStreamというクラスのオブジェクトであり，メソッド名がprintfです．このPrintStreamクラスには，この他の表示メソッドにprint, printlnがあります．両者の違いは，printは表示後改行を行わず，一方printlnは表示後改行する点にあります．両メソッドの引数はただ一つの文字列ですが，文字列と変数（やリテラル）を+演算子で挟みながら並べることにより，全体で一つの文字列とすることができます．この際にも文字列はそのまま，変数（リテラル）はその値が文字列に変換されて，それらが連結されて出力されます．すなわち，上の例ではprintlnに直接

```
System.out.println("変数iの値は, "+i+"です. ");
```

と記述することにより，上と同じ結果が表示されます．ただし，文字列の結合において，変数（やリテラル）が文字列より前に置かれる場合には注意が必要です．例えば

```
int i=10,j=20;
String s=i+j+"変数iと変数jの値は, "+i+j+"です. ";
System.out.printf("%s\n",s);
```

の場合，「30変数iと変数jの値は，1020です．」と表示されます．これは，2行目で s= の右側の式は，左から右への順序で処理されるためです．つまり，左側のi+jの値は整数値としての加算が行われその結果が30となり，右側ではiとjが文字に変換されて連結される結果1020となったためです．文字列結合の'+'演算子は左側が文字列の場合には，右側の値を文字列に変換してから左側の文字列と結合を行います．これは，ObjectクラスがもつtoStringというメソッドの呼び出しと関係しており，詳しくは4.6節で説明します．

2.3.5 その他の演算子と演算子の優先順位

ある条件を判定し，その結果に応じて異なる値を変数に代入する場合などに，条件演算子が用いられます．これは，クエスチョンマーク（?）とコロン（:）からなる演算子であり，つぎのようにして用いられます．

```
String s=(k%2==0)? "偶数" : "奇数";
```

上の例では，s=より右側の部分が条件演算子を用いた式です．まず条件式 k%2==0 の真偽が判定されます．ここでは，変数kの値を2で割った剰余が0か（すなわち，kの値が偶数であるか）を調べています．?と:に挟まれた部分に，その条件式が真の場合の値を記述し，:以降に偽の場合の値を記述します．この例では，kの値が偶数であれば，sには文字列「偶数」が入り，一方奇数であればsには文字列「奇数」が入ります．これと同様な操作は，後述のif文を用いて書くことができますが，条件演算子を用いたほうが簡潔になることもあります．

以上まで述べたJavaの演算子を，表2.3にまとめます．この表には本章で述べたもののみを示していますが，Javaにはこの他に，new, instanceof, 配列で用いられる[]，クラスインスタンスでフィールドやメソッドの指定に用いられる'.'（ドット），型の異なる変数への代入に用いられるキャストなどの演算子があります．これらについては，章が進むにつれ適切な箇所で説明します．

演算子には，その演算子が適用される優先順位が定められています．例えば

表 2.3 Java の演算子（抜粋）

演 算 子	説　　明
++ --	インクリメント・デクリメントの後置演算子
.（引数）[配列添字]	ドット演算子，引数，配列添字
++ --	インクリメント・デクリメントの前置演算子
+ - ~ !	前置の単項演算子
* / %	算術演算子（積，商，剰余）
+ -	算術演算子（和，差）
<< >> >>>	シフト演算子
> >= < <=	関係演算子
== !=	等価演算子
&	論理積
^	排他的論理和，排他的ビット和
|	論理和，ビット和
&&	条件積
||	条件和
?:	条件演算子
= += -= *= /= >>= <<= >>>= &= ^= |=	代入演算子，複合代入演算子

```
    int i=5*3+10/2;
```
は，まず 5*3 と 10/2 が計算され，つぎにそれぞれの計算結果に対して，足し算が実行されます．つまり，15+5 が計算されます．これは通常の算数における計算順序と一致します．これが，演算子が適用される優先順位です．別の例で
```
    byte b=3 & 5 << 2;
```
では，シフト演算子 << が論理積 & に先立って計算されます．まず 5 << 2 が計算され，その結果を 2 進数で表現すると 00010100 が得られます．つぎにこの結果と 3（2 進数で表現すると 00000011）とのビットごとの論理積が求められ，結果は 0 となります．表 2.3 に示す演算子は，上方に示されているものが下方に示されているものより優先順位が高くなります．また同じ行に書かれているもの同士の間では，実際に表れる式の左側から右側に向かって演算が行われます．

若干複雑な以下の例を考えます．
```
    byte i=0;
    System.out.printf("%d\n",~i++);
    System.out.printf("%d\n",i);
```
2 行目の ~i++ において，後置のインクリメント演算子のほうがビット反転の演算子（~）より高い優先順位をもちます．そこで表 2.3 の順序に従えば，i++ が先に計算されることになります．しかし，++ は後置であるため i の値が評価された後，インクリメントが実行されます．つまり，この式は i の値 (0) に対してビット反転を行った後で i の値のインクリメントが行われます．このビット反転を行った結果は，−1 であり，2 行目で出力される結果は −1 となります．さらに 3 行目では現在の i の値，1 が表示されます．

演算子の優先順位は括弧で式を括ることにより変更できます．例えば
```
    byte b=(3 & 5) << 2;
```
とすると，最初に 3 & 5 が計算され（その結果は 1），つぎにその結果が 2 ビット左にシフトされます．したがって最終的な結果は 4 になります．つまり，括弧でくくられた式は最も演算の優先順位が高くなります．優先順位を変更しない場合にも括弧を付けることにより，演算順序を明確にすることができます．例えば
```
    i<=10 || j<=20 && k>=5
```
は
```
    i<=10 || (j<=20 && k>=5)
```
とすることにより，（両者の結果は一致するものの）演算順序が明確になります．

2.4 配　　　　　列

たがいに関連する同じ型の変数を多数必要とするとき，配列を用いると便利です．この配列はつぎのように宣言します．
```
    int a[];
    a=new int[10];
```

1行目はaという名前をもつ配列を使うことを宣言しており，2行目でその配列の要素数が10個であることを示し，そのメモリ領域を確保（実際に配列を作成）しています．これで，この配列を使う準備ができたことになります．つまり，Javaの配列は型宣言をしただけではまだ使えず，new演算子を用いて配列の実体をつくらなければなりません．

これは，つぎのように1行で書けます．

```
int a[]=new int[10];
```

配列の添字（[と]で囲まれた配列中の要素位置）は，0から始まります．したがって，上の宣言ではa[0]～a[9]までの合計10個の整数値が入る配列がつくられます．

配列を宣言時にデータで初期化するときには，つぎのように書きます．

```
int a[]={5,3,7};
```

このように宣言したとき，配列のサイズは，配列名.lengthで知ることができます．上の例の配列のサイズは，a.lengthで，値は3になります．

また，配列はつぎのようにも宣言できます．上に示した宣言との差は，[]がデータ型(int)に付けられているか，配列名(a)に付けられているかです．Javaでは，この宣言法が推奨されています．

```
int[] a=new int[10];
```

以降では，配列を表す際に，この表現法で統一します．

2次元配列は，つぎのような宣言が可能です．いずれも同じ配列を宣言しています．

```
int ary[][];
int[] ary[];
int[][] ary;
```

Javaでは2次元（多次元）配列は，配列の配列の形をとります．いま，最初の[]で指定される位置を行と呼ぶことにすると，2次元配列では，各行ごとにその要素数が異なってもかまいません．プログラム2.3は2次元配列を用いる例を示しています．

[プログラム2.3: ch2/TwoDArray.java]

```
1    class TwoDArray {
2        public static void main(String[] args) {
3            int[][] ary1={{1},{2,3},{3,4,5}};
4            // ary1 の出力
5            System.out.println("ary1 の出力結果");
6            for(int i=0; i<ary1.length; i++) {
7                for(int j=0; j<ary1[i].length; j++)
8                    System.out.print(" "+ary1[i][j]);
9                System.out.println();
10           }
11           // ary2 の作成
12           int[][] ary2=new int[3][];
13           for(int i=0; i<3; i++) {
14               ary2[i]=new int[i+1];
15               for(int j=0; j<i+1; j++)
16                   ary2[i][j]=i+j+1;
17           }
18           // ary2 の出力
19           System.out.println("ary2 の出力結果");
```

```
20            for(int i=0; i<ary2.length; i++) {
21                for(int j=0; j<ary2[i].length; j++)
22                    System.out.print("  "+ary2[i][j]);
23                System.out.println();
24            }
25        }
26    }
```

このプログラムの実行結果を以下に示します．

[実行例]
```
% java TwoDArray
ary1 の出力結果
  1
  2  3
  3  4  5
ary2 の出力結果
  1
  2  3
  3  4  5
```

まず3行目では，行ごとに要素数が異なる配列をデータで初期化しています．これにより，2次元配列がつくられます．5行目から10行目ではその配列の要素をすべてコンソールに出力しています．6行目の `ary1.length` では，この配列の行数が得られます．また，7行目の `ary1[i].length` では，i 番目の行の要素数が得られます．この部分では実行例の上部半分が出力されます．

12行目から17行目では，ary1 と同じ配列を別の方法で作成しています．まず12行目で3行からなる配列がつくられます．さらに14行目で i 番目の行には i+1 個の要素の配列がつくられ，その各要素に16行目で値を代入しています．19行目以降は ary1 に対して行ったものと同じ出力処理を ary2 に対して行っています．

2.5 制 御 構 造

Java のメソッド内では，ソースプログラムに記述された順序で，上から下に文が実行されます．加えて，if 文や switch 文による条件分岐，while 文や for 文による繰り返しを行わせることができます．本節では，Java で用いる制御構造を述べます．

2.5.1 条 件 分 岐

ある条件式を評価し，その結果が真か偽かにより異なる処理を行わせる構文に if 文があります．if 文の基本構造を以下に示します．

    if(条件式) 真の場合の式 else 偽の場合の式;

具体例を以下に示します．この例は，先の条件演算子の説明で用いたものと同じ内容を if

文で表したものです．条件式部分では，k を 2 で割ったときの剰余が 0 となるか判定しています．この結果が真であれば，2 行目の文が実行されます．else 以下は条件式の結果が偽の場合に実行される文です．

```
if((k%2)==0)
   s="偶数";
else
   s="奇数";
```

　if 文で真の場合に実行される文，および偽の場合に実行される文には，おのおの一つの式しか指定できません．一方，そこに複数の文を記述したい場合があります．その際には，複数の文を中括弧（{と}）で囲みブロックにします．真の場合の文や偽の場合の文が一つの場合にもブロックで囲むことができます．その場合に，上の例はつぎのようになります．ブロックで囲んだ場合には，ブロックの終了（}）の後にセミコロン（;）を付けないことに注意してください．この場合，else の前にセミコロンが書かれていると，else が省略されていると理解されます．しかしつぎに else が現れるので，その else に対応する if 文がないというエラーが出力されます．

```
if((k%2)==0) {
   s="偶数";
} // ブロックの後にセミコロン(;)を付けない
else {
   s="奇数";
}
```

　つぎの例は，変数 k の値が 60 未満の場合と，60 以上 70 未満の場合と，70 以上 80 未満の場合と，80 以上の場合に異なる処理を行うものです．ここで変数 s は String 型であるものとしています．

```
if(k < 60)  s="不可";
else if(k < 70) s="可";
else if(k < 80) s="良";
else s="優";
```

　このように段階的な条件比較を行う場合には，else につづけてつぎの if を記述します．また，if 文で条件式の値が偽になる場合の処理が不要な場合には，else 文を省略することもできます．

　条件分岐は switch 文を用いても行うことができます．この文の構造を以下に示します．式には long 型を除く整数型の変数（および，文字，2.8 節で述べる enum の値）などを記述し，その値が case の右側に示された定数式と一致する文が実行されます．ただし，式の値が一致する定数式以降のすべての文が実行されるため，もし変数値が一致する定数式の文を実行した後，以降の文の実行を行わない場合には，break 文を書く必要があります．また，この例で break に付けられている括弧（[と]）は，状況に応じて break を付けたり，付けなかったりすることを示しており，実際のコーディングでは不要です．この性質を逆に使い，複数の

定数式の場合に同じ処理を実行したければ，case 定数式: の部分をつづけて複数列挙し，それらの場合に実行する文を1回の記述にまとめることもできます．どの定数式にも当てはまらないときには default に書かれた文が実行されます．case 文はいくつでも並べることができ，また default 文は不要なら省略できます．

```
switch(式) {
case 定数式 1: 文 1; [break;]
case 定数式 2: 文 2; [break;]
      ......
case 定数式 n: 文 n; [break;]
default: 文 n+1
}
```

以下には，if 文の例でも示した成績判定のプログラムを switch 文で書いています．変数 k には 100 点満点の得点が入れられ，その値により，不可，可，良，優の各成績を String 型の変数 s に代入します．ここでは，k/10 により値の範囲を 0～10 までの範囲に変え，その値が 0～5（すなわち 0 点から 59 点まで）のとき，s に不可を代入しています．その後，break 文により，この switch 文から抜け出しています．同様に，6 のとき可を，7 のとき良を代入し，8～10 のとき優を代入しています．

```
switch(k/10) {
case 0: case 1: case 2:
case 3: case 4: case 5: s="不可"; break;
case 6: s="可"; break;
case 7: s="良"; break;
case 8: case 9: case 10: s="優";
}
```

2.5.2 while 文と do-while 文

Java では while 文と do-while 文，および for 文で繰り返し構造を記述できます．以下の例は，1 から 10 までの整数値を加算した結果を求めています．while 文では，まず while につづく括弧内に書かれた条件式の真偽が評価され，その値が真値をとる間，文の実行が繰り返されます．条件式の値が偽になると，繰り返しループから抜け出します．もし，条件式の値が最初から偽の場合には，繰り返し部分の文は 1 度も実行されません．つぎに示す具体例では，繰り返しの条件式は（i<=10）であり，この条件が満たされている間はブロック内の文が実行されます．i の値が増加していき，11 になった時点でループから抜け出します．

```
int sum=0,i=1;
while(i<=10) {
   sum=sum+i; i++;
}
```

一方，ファイルやキーボードからデータを入力し，その結果により繰り返しを継続するか，

ループから抜け出すかを判定したい場合には，条件式を繰り返し部分の後に置く do-while 文が用いられます．先の例を，この構文で記述した例を以下に示します．

```
int sum=0,i=1;
do {
  sum=sum+i; i++;
} while(i<=10);
```

2.5.3 for 文

プログラム中によく表れる繰り返しのパターンに，つぎのものがあります．

```
変数などの初期化(a);
while(繰り返しの条件式(b)) {
  繰り返しにおいて実行する文(d);
  繰り返しに用いる変数値の更新(c);
}
```

そこで，上の (a)〜(c) をまとめて宣言できる for 文がよく繰り返しに用いられます．

```
for((a); (b); (c)) {
  繰り返しにおいて実行する文(d);
}
```

(a) は繰り返し前に 1 回実行される部分であり，ここでは変数などの初期化が行われます．(b) は繰り返しの条件式であり，ここで記述された条件式が真値をもつ間は繰り返しが実行されます．(c) の部分は，繰り返しにおいて文 (d) が実行された後で実行される部分であり，繰り返しに用いる変数値などの更新が行われます．この更新が実行された後，(b) 部の条件式が評価され，繰り返しを継続するか終了するかが判断されます．すなわち，for 文の各部分の実行順序は以下のようになります．ただし (a)〜(d) で不要な要素は省略できます．

(a) → (b) → (d) → (c) → (b) → (d) → (c) → ...

この for 文を用いた，1 から 10 までの総和を変数 sum に求めるプログラム例を以下に示します．

```
int sum=0;
for(int i=1; i<=10; i++)
  sum +=i;
```

配列に対しては，拡張 for 文と呼ばれる制御文を用いることができます．この拡張 for 文の構造を以下に示します．この構文は配列の他に，11 章で述べるコレクション型でも用いることができます．

```
for(型 変数名: 配列名)
  繰り返しで実行する文;
```

これを用いた例を以下に示します．ここでは，配列 ary のすべての要素の和を sum に求めています．

```
int ary[]={3,5,7};
int sum=0;
for(int num: ary)
    sum+=num;
```
for 文の変数 num には，繰り返しにより配列 ary の要素が順に一つずつ入り，それが配列中のすべての要素に対して繰り返されます．すなわち，この例で num に入る値は，3，5，7 です．その値が sum につぎつぎに足されることにより，最終的に総和が求められます．

2.5.4　break 文と continue 文

while 文や，do-while 文，for 文による繰り返しループを途中で抜け出すためには，break 文が用いられます．break 文は if 文と共に用いられることが多く，ある条件が満たされたときその繰り返しを抜けて，繰り返し文のつぎの文から実行を継続します．この例を以下に示します．

```
while(条件 1) {
    文 1;
    if(条件 2) break;
    文 2;
}
文 3;
```

この例では，条件 1 が真であるうち，while ループが繰り返されます．しかし，文 1 を実行した後，条件 2 が真になる場合には，文 2 を実行することなく制御が文 3 に移ります．繰り返しループが多重になっている場合には，break 文が置かれているループを一つ抜けます．もし，多重ループの最も内側からすべてのループを抜け出るためには，ラベル付き break 文を用いることができます．この例を以下に示します．

```
loop_label: while(条件 1) {
    while(条件 2) {
      文 1;
      if(条件 3) break loop_label;
      文 2;
    }
}
文 3;
```

最初の while 文の前に書かれている loop_label がラベルです．4 行目の break 文にはそのラベルが示されています．この例では，一つの break 文でラベルが付けられているブロックを抜け出ます．したがって，4 行目で条件 3 が真となる場合には，つぎの実行文は文 3 になります．

同様にループ中の制御に用いられるものに continue 文があります．以下にその例を示します．この場合には，条件 2 が真になった場合，文 2 を実行せず，条件 1 が調べられます．も

し，その結果が真であれば文1からループが継続されます．逆に条件1が偽であれば，ループの実行を終了して文3が実行されます．continue 文にもラベルを付けることができ，その場合には continue 文に書かれたラベルが付けられている while 文の繰り返し条件が調べられます．このように繰り返し条件が調べられ，ループが継続される可能性がある点が break 文と異なります．

```
while(条件1) {
    文1;
    if(条件2) continue;
    文2;
}
文3;
```

2.5.5 コメント

プログラム中の変数の意味や処理の流れを説明するために，コメントが書かれます．コメントの書き方には2種類があります．

一つは，コメントの開始部分にスラッシュを二つ置くものであり，二つのスラッシュ以降，その行の最後までがコメントとなります．以下に，この例を示します．

```
int sum=0; //数値の総和を保持する
```

他の一つは，/*から始まり，*/で終わる部分にコメントを記述するものです．この書き方では，複数行にまたがる部分をコメントにすることができます．例えば，複数行のプログラムコードを/*と*/で囲むことによりプログラムの実行の流れから外すことができ，デバッグ時などにも多く用いられます．この記法の例を以下に示します．

```
sum += i; /* この文は sum=sum+i と等価である */
```

2.6 変数や定数の宣言とスコープ

Javaでは，メソッドのプログラムにおいて変数が必要になった時点で，その変数を宣言して使うことができます．あらかじめメソッドで使う変数を先頭部分ですべて宣言しておく必要はないことから，Javaでは変数を使う直前で変数を宣言することが推奨されます．このように宣言された変数は，その宣言より後の部分で，かつブロックの記述が終了するまで（つまり変数が宣言された位置から，ブロックの終了位置の}に至るまで）が，その変数への代入や参照を行える範囲です．このように，ある変数を利用できる範囲を，その変数のスコープと呼びます．もし，変数の宣言の前に，その変数への代入や参照を行うと，スコープの外であるためコンパイルエラーとなります．

いままで用いてきたように，if 文や while 文などにおいて複数の文を記述したい場合には，それらの複数の文を中括弧でくくり，このくくられた部分をブロックと呼びました．ブロックは if 文や繰り返し文，switch 文などで用いられますが，これらに関係なく自由にプログラ

ムの1部をブロックとすることもできます.

　ブロック内でも新しい変数を宣言することができ，その変数のスコープは，宣言された行以降，ブロックの終了までです．ブロックの外ではブロック内で宣言された変数への代入や参照を行えません．一方，あるブロックの外でかつそのブロックの開始より前で宣言された変数への代入，参照はそのブロック内でも行えます．同じ名前の変数がブロックの外と内側に存在することはできません．外側と同じ名前の変数をブロックの内側で再度宣言した場合にはコンパイルエラーとなります.

　以下のfor文において，`int sum`はブロックの外で宣言された変数です．したがって，3行目に見られるようにブロック内で参照や代入が行えます．一方，`int i`の宣言はブロックの外側で行われているように見えますが，この変数はfor文のブロック内でしか参照できません．コメントに記されているように，for文のブロックの後で参照しようとしてもコンパイルエラーになります.

```
    int sum=0;
    for(int i=1; i<=10; i++) {
      sum += i;
      System.out.printf("i=%d\n",i);//iをここでは参照可能
    }
//System.out.printf("i=%d\n",i);//ここでは参照できない
    System.out.printf("sum=%d\n",sum);
```

次章で詳しく述べるクラスにおけるメソッド（関数）は，引数をもちます．これはパラメータ変数などと呼ばれますが，それらのスコープはメソッドの定義内全体です.

2.7 データ型の変換

　整数型同士で，int型からlong型に変換したり，逆にlong型からint型に変換したりしたい場合があります．または，整数型（int型）の値を浮動小数点型（double型）に変換したい場合があります．この変換には二つの場合が考えられます．一つは，小さな型から大きな型に変換する場合です．byte, short, int, longという四つの整数型を比較したとき，この順番で扱える数の絶対値は大きくなります．つまり，この順番で大きな入れ物（大きな型）になります．また，整数型と実数型を比較した場合には，実数型で扱える絶対値は整数型より大きいことから大きい入れ物とみなせます．したがって，上の例ではint型からlong型への変換とint型からdouble型への変換がこれに対応します．これらの場合には，問題なく代入を行うことができます.

　一方，下のプログラムの5行目はlong型のデータをint型に代入しています．つまり大きな型から小さな型への代入です．この場合には，コンパイル時に「精度が落ちている可能性」というコンパイルエラーメッセージが出力されます.

```
    int i,j;
    long m,n;
```

```
        i=10;m=10;
     n=i;  //int 型から long 型への変換
     j=m;  //long 型から int 型への変換
```
上の例の5行目のように，大きな型から小さな型への変換では明示的な型変換（キャスト）を記述する必要があります．この例の5行目はつぎのように記述すれば，コンパイル時のエラーメッセージは出力されません．

```
     j=(int)m;  //long 型から int 型への明示的な型変換
```

ここで代入する値が代入先のデータ型の最大値より小さい場合は型変換により代入を行っても問題ありませんが，つぎの例では byte 型に入りきらない数を，明示的な型変換で代入しています．

```
     int i=500;
     byte b;
     System.out.println("i="+i);
     b=(byte)i;
     System.out.println("b="+b);
```

これを実行すると，b=-12 という結果が表示されます．すなわち，大きな型から小さな型への変換は型変換を明示することで実行することはできますが，必ずしも変換後に意図したとおりの正しい値が保持されることは保障されません．データの値を考慮して慎重に行うべきです．

2.8 列 挙 型

集合の要素に名前を付け，各要素を列挙したい場合に列挙型（enum 型）を使うのが便利です．例えば，ある会社の組織が，東京本社，関西支社，北海道支社，九州支社に分かれる場合，これらを enum 型を用いてつぎのように定義します．

```
     enum Branch {TOKYO, KANSAI, HOKKAIDO, KYUSYU}
```

プログラム 2.4 に enum 型を用いたプログラム例を示します．

[プログラム 2.4: ch2/EnumSample.java]

```
1   class EnumSample {
2       enum Branch {TOKYO, KANSAI, HOKKAIDO, KYUSYU}
3       public static void main(String[] args) {
4           Branch place;
5           place=Branch.TOKYO;
6           System.out.println("場所は:"+place);
7           switch(place) {
8           case TOKYO:
9               System.out.println("東京本社です"); break;
10          case KANSAI:
11              System.out.println("関西支社です"); break;
12          case HOKKAIDO:
13              System.out.println("北海道支社です"); break;
```

```
14            case KYUSYU:
15                System.out.println("九州支社です"); break;
16            }
17            place=Branch.KYUSYU;
18            if(place==Branch.TOKYO)
19                System.out.println("本社です");
20            else
21                System.out.println("支社です");
22       }
23   }
```

[実行例]
```
% java EnumSample
場所は:TOKYO
東京本社です
支社です
```

まず2行目でenum型のBranchを定義しています．enum型はメソッド内で宣言することはできません．したがって，この例のようにメソッドの外で宣言しなければなりません．4行目ではBranch型の変数placeを宣言しています．5行目ではそれにTOKYOを代入しています．このようにenum型の要素を参照するときには，「enum型の名前.要素名」の形で指定します．6行目では変数placeに現在入れられている要素を出力しています．その結果，実行例の1行目に示すように，enum型の変数に入れられている要素名（TOKYO）が出力されます．7行目から16行目に示すように，enum型はswitch文でも用いることができます．その際には，例のようにcase定数式には要素名のみを示します．18行目はif文の中で用いる例です．この際にはBranch.TOKYOのようにenum型の名前も指定する必要があります．

2.9 メソッド

一つのプログラムが，全体で数千行から数十万行になるものも珍しくありません．これらをすべてmainメソッド中に記述した場合，プログラムはたいへん読みにくいものになります．そこで，Javaを含むプログラミング言語では，一定の機能単位をまとめたメソッド（関数）を定義する機能があります．メソッドは短い行数で書かれ，その働きが明確に定義されます．メソッドの中で，他のメソッドを呼び出すことができます．これにより，プログラムの動作がわかりやすくなります．また，一つのプログラムで同じ処理が何度も行われる場合があります．このような場合にも，その部分をメソッドとしておくことにより，プログラム量を全体で削減することができます．

プログラム2.5は，プログラム2.1で行った，1から10までの整数の合計を求めるプログラムをメソッドを用いて書き換えたものです．6行目から11行目までが新しく定義した`static int sum(int from, int to)`というメソッドです．先頭のstaticの意味は，3章で説明します．つぎのintは，このメソッドが整数型の値を返すことを示しています．また，sumのつぎに括弧で囲まれた部分は引数（正式には仮引数）と呼ばれ，この関数が受け取る

値を示します．ここでは，共に整数型の二つの引数，from と to を受け取ります．これらには，このメソッドが呼び出される際に値が代入されます．変数 total は合計値を加算していくために用いられるもので，0 で初期化されています．つぎの for ループは i の値を from から to まで 1 ずつ値を増やしながら，その値を total に加算しています．10 行目の return は，この関数から total の値を返して，このメソッドでの実行を終了することを示しています．このように，メソッドは return 文に出会うか，またはメソッドの最下行の実行を終了した時点で，このメソッドが呼び出された位置に戻ります．

[プログラム 2.5: ch2/SumByMethod.java]

```
1   class SumByMethod {
2       public static void main(String[] args) {
3           int total=sum(1,10);
4           System.out.printf("total=%d\n",total);
5       }
6       static int sum(int from, int to) {
7           int total=0;
8           for(int i=from; i<=to; i++)
9               total=total+i;
10          return total;
11      }
12  }
```

このメソッドを呼び出しているのは，3 行目です．ここでは，sum の引数（こちらを実引数と呼びます）の from の値として 1 を，to の値として 10 を代入して sum を呼び出しています．sum の実行終了後，返された値を変数 total に代入しています．

プログラム 2.5 において，メソッド sum と main で同じ変数名 total を使用していますが，これらは偶然名前が同じであるだけで，まったく別の変数になります．3 行目の total は main メソッド内，つまり 3 行目から 5 行目までにスコープをもち，7 行目の total は 7 行目から 11 行目までにスコープをもちます．同様に，sum の仮引数として用いた from と to は，メソッド sum 内にスコープをもちます．メソッドの中で宣言した変数や仮引数は，他のメソッドの中で同じ名前のものが現れても異なる変数として扱われることに注意してください．

sum の 10 行目の return 文で total の値を返しています．一方，6 行目の sum の定義でこのメソッドから返される値の型は int であることが宣言されています．このように，return 文で返す値の型とメソッドの宣言時に定義した戻り値のデータ型は一致していなければなりません．複雑なメソッドでは，return 文が複数書かれる場合があります．その場合にも，すべての return 文で返されるデータの型はメソッドの宣言で定義されたデータ型と一致していなければなりません．

もし，値を返さないメソッドを定義する場合には，そのメソッドの戻り値の型として void を指定します．その場合にはメソッド最下行の return 文を省略できます．または，戻り値をもたない return 文を書くこともできます．また，呼び出し時に引数を与える必要のないメソッドを定義する場合には，引数を省略できます．例えばつぎのように定義します．ただし，この場合にもメソッド名の右側に付けられる括弧のペアを省略してはいけません．このメソッドを呼び出す際にも foo() のように括弧を付けます．

```
    static void foo() {
       System.out.println("method foo is called");
    }
```

Javaでは引数の個数が可変長（可変長引数）のメソッドを定義することができます．プログラム 2.6 に例を示します．8 行目から 10 行目でメソッド func を 1 個から 3 個の引数で呼び出しています．このように可変個の引数をもつメソッドは，2 行目のように，仮引数の型（この場合には int）につづけて 3 個のピリオドを付けます．この場合に，仮引数の args は配列になります．そこで，渡された引数の個数は配列の長さと同じに配列名.length で得られます．

[プログラム 2.6: ch2/VariableArgments.java]

```
1    class VariableArgments {
2        static void func(int... args) {
3            System.out.println("引数の個数: "+args.length);
4            for(int i=0; i<args.length; i++)
5                System.out.printf("[%d] %d\n",i,args[i]);
6        }
7        public static void main(String[] args) {
8            func(11);
9            func(21,22);
10           func(31,32,33);
11       }
12   }
```

このプログラムの実行結果を以下に示します．

[実行例]
```
% java VariableArgments
引数の個数: 1
[0] 11
引数の個数: 2
[0] 21
[1] 22
引数の個数: 3
[0] 31
[1] 32
[2] 33
```

いままで，プログラムの実行を開始するメソッド main を
  public static void main(String[] args)
と書いてきましたが，この可変長引数の記法を用いれば，つぎのように書くことができます．
  public static void main(String... args)

2.10 簡 単 な 入 出 力

コンソールアプリケーションのプログラムをつくり，動作を確認する際に，キーボードから数値や文字のデータを入力したり，結果をコンソールに出力したいことがあります．いままでも，コンソールへの出力として，以下の三つのメソッドを用いてきました．

- `System.out.print("some string");`
- `System.out.println("string with new line");`
- `System.out.printf("format %d\n",arg1);`

これらのメソッド名の前にはすべて`System.out.`が付けられていますが，これを省略することはできません．その意味は，10章で説明します．

一方，キーボードからの値の入力には，Scannerというクラスを用いるのが便利です．このクラスの詳細も10章で述べますが，ここでは簡単な使い方を説明します．

プログラム 2.7 の 1 行目に書かれている `import java.util.Scanner;` は Scanner クラスを使うときに書いておくとプログラムが簡単になります．この意味は 6 章で説明します．キーボードから入力を行うときには，4 行目をこのまま書いてください．ただし，`cin` という変数名は自由に変えてかまいません．キーボードからのデータ入力を促す際に，コンソール上になにも表示されないとすると，つぎになんの値を入力したらよいか迷います．5 行目と 7 行目は，つぎに入力する変数名をプロンプトとして表示します．6 行目の `cin.nextInt()` でキーボードから入力された整数値を読み取り，値を変数 a に代入します．8 行目は b に代入します．このように，入力する値が整数値の場合，`cin.nextInt()` を繰り返して呼び出せば，キーボードから入力された値を変数に代入することができます．一方，実数値を入力したい場合には，`cin.nextDouble()` と書きます．Scanner クラスのより詳しい説明は，10章で行います．

[プログラム 2.7: ch2/SimpleInOut.java]

```
1   import java.util.Scanner;
2   public class SimpleInOut {
3       public static void main(String[] args) {
4           Scanner cin=new Scanner(System.in);
5           System.out.print("a? ");
6           int a=cin.nextInt();
7           System.out.print("b? ");
8           int b=cin.nextInt();
9           System.out.println("sum="+(a+b));
10      }
11  }
```

[実行例]
```
% java SimpleInOut
a? 10
b? 20
sum=30
```

章 末 問 題

【1】 以下のプログラムの誤りを修正しなさい．
```
int a[2];
a[0]=10; a[1]=20;
```

【2】 int 型の変数 i, j, k が定義されており，i の値が j より大きく，かつ j の値が k 以下のとき A と表示し，i の値が j 以下のとき B と表示したい．この条件に合うように以下の空白部分を埋めなさい．ただし，無駄な条件は入れないように記述しなさい．
```
if(    (a)    )
  System.out.println("B");
else if(    (b)    )
  System.out.println("A");
```

【3】 変数 a, b, c がつぎのように定義されているとき，各文の実行結果を 2 進数で答えなさい．
```
byte a=8;  // 2 進数で 00001000
byte b=-1; // 2 進数で 11111111
byte c;
```
(1) c=a << 2;
(2) c=(~a) | (a>>2);
(3) c=b>>>2;
(4) c=(b>>>5) | a;

【4】 以下は，プログラムの一部が示されている．この部分での出力結果を答えなさい．
```
for(int i=1; i<6; i+=2) {
  switch(i) {
  case 1: case 2: System.out.print("A");
  case 3: System.out.print("B"); break;
  case 4: System.out.print("C");
  default: System.out.print("D");
  }
}
```

【5】 以下のプログラム（の一部）の出力結果を答えなさい．
```
int i=3;
i+=1;
boolean tf= !(4 < ++i) ;
System.out.println(tf);
System.out.println(i++);
```

【6】 long 型の変数の値（j）を int 型の変数（i）に代入する文を書きなさい．

【7】 つぎのプログラムは，1 から 10 までの整数の総計を求めて，出力するものである．このプログラムをコンパイルしたところ，あるコンパイルエラーが出力された．エラーの原因と，対応法を示しなさい．

```
1  public class CompileError {
2      public static void main(String args[]) {
3          int sum;
4          for(int i=1; i<=10; i++)
5              sum+=i;
6          System.out.println("Sum from 1 to 10 is "+sum);
7      }
8  }
```

3 クラスとJavaプログラムの基本

Java Programming

　Java言語のプログラムはクラスという単位で書かれます．普通，規模の大きなプログラムは多数のクラスの集合で構成されます．アプリケーションプログラムでは，それらのクラスのうち少なくとも一つのクラスにmainメソッドが存在し，実行時にjavaコマンドでそのクラス名を指定します．プログラムはそのクラスのmainメソッドから実行を開始します．本章では，まずクラスとプログラムの基本について述べます．

3.1　Javaプログラムの基礎

　オブジェクト指向言語でのプログラミングでは，**クラス**と呼ばれる設計図をつくり，そのクラスを基にオブジェクトを生成して，それらに対してさまざまな処理を行うという形でプログラムを作成します．このように書くとわかりにくいので，具体例を示します．
　プログラム3.1は円のクラスです．2次元平面上での円は，中心座標と半径をもちます．2行目のx，yが円の中心座標です．また，3行目のrが半径です．Javaではこのようなオブジェクトの性質を記述するデータを**フィールド**（field）と呼びます．オブジェクトがつくられ利用されるときに，フィールドに値が入れられます．

［プログラム 3.1: ch3/Circle.java ］
```
1    class Circle {
2        int x,y;
3        double r;
4        Circle(int i,int j,double d) {
5            x=i; y=j; r=d;
6        }
7        double perimeter() {
8            return 2.*3.141592*r;
9        }
10       double area() {
11           return 3.141592*r*r;
12       }
13       void move(int dx,int dy) {
14           x+=dx; y+=dy;
15       }
16       void disp() {
17           System.out.println("("+x+","+y+","+r+")");
```

```
18      }
19   }
```

　4行目から6行目までは，このクラスのオブジェクトをつくり出すための特殊な関数です．このようなオブジェクトを生成する関数をコンストラクタ（constructor）と呼びます．7行目以降は，オブジェクトを対象として，さまざまな操作を行う関数です．Javaでは関数のことをメソッド（method）と呼びます．

　Javaプログラムでは通常一つのクラスが一つのソースファイルに書かれます．そして，そのソースファイルには「クラス名.java」という拡張子を付けた名前が付けられるのが基本です．したがって，プログラム3.1のクラスにはCircle.javaという名前が付けられて保存されます．本書では，紙面を節約するため，しばしばこの原則を外して一つのソースファイルに複数のクラスを記述することがあります．そのような場合には，それらのうちの一つのクラス（通常はmainメソッドを含むクラス）の名前に「.java」という拡張子を付けてファイルに保存します．

　プログラム3.1をもう少し詳しく説明します．

　4行目から6行目のコンストラクタはオブジェクトを生成するためのものです．コンストラクタの名前はクラス名と同じであり，他のメソッドのような戻り値の型は書かれません．コンストラクタについては3.5節で詳しく述べますが，new演算子と共に用いてこのクラスのオブジェクト（インスタンス）を生成するものです．

　7行目のperimeterは円の周囲長を計算して返すメソッドです．7行目の先頭のdoubleはこのメソッドがdouble型の値を返すことを宣言しています．8行目では，$2\pi r$の式で周囲長を求め，その値を返しています．return文に書かれた値のデータ型はメソッドの先頭に書かれたデータ型と一致しなければなりません．

　10行目から12行目は円の面積を求めるメソッドの定義です．このメソッドもdouble型の値を返します．11行目のreturn文ではπr^2の式で面積を計算して，その結果を返しています．

　13行目から15行目は，円の中心位置を移動させるメソッドです．引数dxとdyでx方向とy方向への移動量を渡し，2行目で定義されているxとyの値を14行目で変更しています．このメソッドは値を返しません．このように値を返さないメソッドでは戻り値の型にvoidを指定します．

　16行目から18行目は，円の内容をコンソール上に文字で表示するメソッドです．このメソッドも値を返さないため，16行目でvoidが指定されています．

　クラスCircleはmainメソッドをもっていないため，このままでは実行することができません．そこで，このクラスを用いたプログラムの例をプログラム3.2に示します．

[プログラム 3.2: ch3/CircleApp.java]
```
1   public class CircleApp {
2       public static void main(String[] args) {
3           Circle c=new Circle(100,200,5.0);
4           c.disp();
5           double p=c.perimeter();
6           double a=c.area();
```

```
7                System.out.println("perimeter="+p);
8                System.out.println("area     ="+a);
9                c.move(50,-50);
10               c.disp();
11       }
12   }
```

2行目からmainメソッドが定義されています．ここで行っている内容を説明します．まず，3行目ではCircleクラスのオブジェクトをコンストラクタを用いて作成し，そのオブジェクトにcという名前を付けています．ここでは中心座標が(100,200)で半径が5.0の円をつくっています．このように，オブジェクトを作成するためには，コンストラクタをnew演算子を用いて呼び出します．コンストラクタは，他のメソッドと呼び出し方が異なるので注意してください．

4行目は，オブジェクトcに対してdisp()メソッドを呼び出しています．これが，メソッドを呼び出す際の基本的な使い方です．オブジェクトcに対して表示しなさい（disp）というメッセージを送る，という形でメソッドの呼び出しを行うことから，メッセージパッシング（message passing）とも呼ばれます．

5行目は，オブジェクトcに対して周囲長を求めることを指示しています．ここでは，perimeter()メソッドが周囲長の値をdouble値で返すため，その返された値を変数pに代入しています．6行目もarea()メソッドで面積を求め，返された値をdouble型の変数aに代入しています．

7行目と8行目はすでに何度か出てきた処理です．変数pとaの値をコンソールに出力しています．

9行目では，moveメソッドを用いて，オブジェクトcの中心座標位置を変更しています．最後に10行目で位置が変更された後のcの情報を出力しています．

オブジェクトに対するメソッドの呼び出しをまとめるとつぎのようになります．

> オブジェクトを示す変数名．メソッド（メソッドの引数）

この形がオブジェクトに対してメソッドを適用（メソッドの呼び出し）する操作の基本です．この基本に当てはまらないメソッドもありますが，それについては3.7節で述べます．

プログラム3.2の実行例を下に示します．

[実行例]
```
% javac CircleApp.java
% java CircleApp
(100,200,5.0)
perimeter=31.41592
area     =78.5398
(150,150,5.0)
```

この実行例では，javacコマンドでコンパイルしているのは，CircleApp.javaだけです．しかし，つぎのjavaコマンドでCircleAppを実行するためには，Circle.javaもコンパイルされ

て，Circle.class ファイルがつくられている必要があります．実は，同じフォルダ内に実行時に必要になるすべての java ソースファイルが存在するときには，必要なファイルを探し出して，すべてのソースファイルをコンパイルしてくれる機能が java コンパイラにはあります．これにより，Circle.java ファイルも自動的にコンパイルされます．クラス名とソースファイル名が一致していることは，このために重要になります．もちろん `javac Circle.java` を明示的に実行してもかまいません．

一つのクラスに関する記述は，必ず一つのソースファイルで完結していなければなりません．また，一つのソースファイルには原則として一つのクラスを記述します．これが原則ですが，複数のクラスを一つのソースファイルに書くことはかまいません．

3.2　クラスおよびオブジェクトとインスタンス

前節で述べた，クラスとオブジェクトの関係をまとめます．オブジェクト指向においてクラスの定義は，いわば設計図のようなものであり，そのクラスから個々のオブジェクトがつくられます．オブジェクトは広い意味をもつ用語です．一般には，オブジェクトとは名前の付けられた記憶領域であり，そこに記述されたデータを参照したり，更新できるものを指しています．この意味では，基本データ型の変数もオブジェクトと似ていますが，Java ではそれは単に変数と呼びます．Java ではクラスから new 演算子を用いてつくられた実体を**オブジェクト**または**インスタンス**と呼びます．配列も new 演算子でつくり出されるので，オブジェクトと呼ぶ場合もあります．しかし，狭義には，クラスとして定義されたものから new 演算子でつくられるものがオブジェクトです．以下では，原則としてクラスからつくられる実体の個々を強調するときインスタンスと呼び，集合として扱うときはオブジェクト（クラスオブジェクト）と呼ぶことにします．

図 3.1 の例では，半径や中心座標を変えて三つのインスタンスが生成されています．これらのインスタンスをクラス Cirlce のインスタンスと呼びます．図の下に示されている三つの円が個々の Circle クラスのインスタンスであり，個々のインスタンスはそれぞれ独立したフィールドの値をもちます．

あるインスタンス（c）に対してメソッドが適用されるとき，そのメソッドは c のフィールドの値を参照できます．例えばプログラム 3.1 において，8 行目ではインスタンス c のフィールド r の値を参照して周囲長を計算します．また，14 行目では c のフィールド値 x と y の値を変更します．

このプログラムでは，一つのインスタンスしか生成していませんが，new 演算子とコンストラクタにより必要なだけの数のインスタンスを生成できます．その際に，各インスタンスごとに独立したフィールド値をもつのが基本です（この基本に反する例は 3.6 節で述べます）．

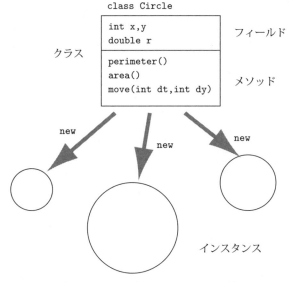

図 3.1　クラスとインスタンスの関係

3.3　フィールドとメソッド

　フィールドとは各クラスがもつ変数（データ）です．Java プログラムでは，そのフィールドの値や引数で与えられるデータを基に処理を行い，結果の値を呼び出し元に返したり，フィールドの値を変更したりします．それらを実行する関数が**メソッド**です．一部，2 章で述べた内容と重複しますが，以下メソッドについてまとめます．

　メソッドは呼び出し元から引数を受け取ることができます．例えばプログラム 3.2 の move は二つの引数 dx と dy を受け取ります．これらの引数はメソッド内では変数として扱え，その値を変更することも可能です．その場合に，呼び出し元で引数に対して変数を指定しても，その変数の型が基本データ型であれば，元の値にはなんら影響を与えません．一方，後述のように，引数としてクラスオブジェクトや配列が渡されたとき，その引数に対して値を変える処理を行うと，呼び出し元の値も変更されます．

　メソッド内では必要に応じて変数やオブジェクトを宣言し，利用できます．プログラム 3.2 の 3 行目の c，5 行目の p，6 行目の a などがその例です．メソッド内で宣言した変数は，その宣言が行われた行以降で有効になり，メソッドの終了やブロックの終了（ブロック内で宣言された場合）まで，その変数の参照や値の代入が行えます．

　メソッドは，値を結果として返すことも返さないこともできます．値を返す場合には，つぎの例の 1 行目のようにメソッドの宣言時に戻り値の型を指定します．一方，値を返さない場合には，2 行目のように戻り値の型の代わりに void を指定します．メソッドは，return 文を実行したとき，またはメソッド内の最終行を実行したとき終了し，プログラムの流れは呼び出し元に移ります．

```
    double method1() {....}
    void method2() {.....}
```

　フィールドの値は，そのクラス内のメソッドにおいて参照され，変更されます．ただし，フィールドの宣言時に final 修飾子が付けられている場合には，値の変更はできません．その値は参照のみが可能です．

```
    int i;  //このフィールド i の値は変更できる．
    final int j;  //このフィールド j の値は変更できない．定数となる．
```

　同じ名前をもち，引数の型や個数が異なるメソッドを，異なるメソッドとして定義できます．つまり，引数の型か引数の個数のいずれかが異なれば，同じ名前をもつメソッドを別のものとして定義できます．このような同じ名前をもつメソッドの多重定義をメソッドの**オーバーロード**と呼びます．

　プログラム 3.3 にメソッドのオーバーロードの例を示します．ここでは同じ名前（value）をもつメソッドが 6 個定義されています．24 行目から 30 行目までの呼び出しに対して実行例のように動作します．ここで 24 行目の呼び出しは value(short)，value(int)，value(long) に適合することから曖昧に思われますが，obj.value(10) 対しては，obj.value(int i) が呼び出されます．もし，他のメソッドを呼び出したい場合には，適合する型の変数を定義してからその変数名で呼び出す（26 行目，27 行目）か，25 行目のように引数を 10L と書いて long 型であることを明示しなければなりません．同様に浮動小数点数の場合には，29 行目の呼び出しのように，特に指定がなければ value(double d) が呼び出されます．value(float d) を呼び出すためには，30 行目のように 1.234F として float 型であることを明示します．

[プログラム 3.3: ch3/OverloadTest.java]

```
1    class OverloadTest {
2        void value(int i) {
3            System.out.println("value(int) called");
4        }
5        void value(short k) {
6            System.out.println("value(short) called");
7        }
8        void value(int i, int j) {
9            System.out.println("value(int,int) called");
10       }
11       void value(long l) {
12           System.out.println("value(long) called");
13       }
14       void value(double d) {
15           System.out.println("value(double) called");
16       }
17       void value(float d) {
18           System.out.println("value(float) called");
19       }
20       public static void main(String[] args) {
21           OverloadTest obj=new OverloadTest();
22           long m=1234567890123L;
23           short k=10;
24           obj.value(10);
25           obj.value(10L);
```

```
26              obj.value(m);
27              obj.value(k);
28              obj.value(10,20);
29              obj.value(1.234);
30              obj.value(1.234F);
31          }
32      }
33
```

メソッドのオーバーロードの際に，引数の個数とそれぞれのデータ型で決まる引数の組合せパターンを，メソッドの**シグネチャ** と呼びます．オーバーロードは，同じ名前でシグネチャの異なるメソッドを多重定義することです．

[実行例]
```
% java OverloadTest
value(int) called
value(long) called
value(long) called
value(short) called
value(int,int) called
value(double) called
value(float) called
```

2.9 節で，可変長引数について説明しました．可変長引数のメソッドは引数の数をいくつでも自由に設定できるメソッドでした．すると，引数の数が異なるメソッドと可変長引数のメソッドが混在するときには，どのメソッドが呼び出されるのでしょうか？

プログラム 3.4 のクラス SomeClass には，引数の数が 1 個と 3 個のメソッド func と，可変長引数のメソッド func がオーバーロードされています．19 行目から 21 行目では func を引数の数を変えながら呼び出しています．

[プログラム 3.4: ch3/OverloadVariable.java]
```
1   class SomeClass {
2       public void func(int... ary) {
3           System.out.println("引数の数："+ary.length);
4           for(int i=0; i<ary.length; i++) {
5               System.out.println("ary["+i+"]="+ary[i]);
6           }
7       }
8       public void func(int i) {
9           System.out.println(" 1 引数の func i="+i);
10      }
11      public void func(int i, int j,int k) {
12          System.out.println(" 3 引数の func i="+i+" j="+j+" k="+k);
13      }
14  }
15
16  class OverloadVariable {
17      public static void main(String... args) {
18          SomeClass c=new SomeClass();
```

```
19          c.func(11);
20          c.func(21,22);
21          c.func(31,32,33);
22      }
23  }
24
```

実行結果に見られるように，引数の数が1個と3個の場合には引数の個数が明確に定義されているメソッドが，引数の数が2個での呼び出しの場合には，引数の数が2個のメソッドが定義されていないので，可変長引数のメソッドが呼び出されています．つまり，シグネチャが一致するメソッドが定義されていれば，そのメソッドが呼び出されます．シグネチャが一致するメソッドがないとき，可変長引数のメソッドと引数の型が一致すれば可変長引数のメソッドが呼び出されます．そのいずれでもないときはコンパイルエラーになります．

[実行例]
```
% java OverloadVariable
 1引数の func i=11
引数の数：2
ary[0]=21
ary[1]=22
 3引数の func i=31 j=32 k=33
```

3.4 基本データ型とクラスオブジェクトとの違い

いままでの例にも表れてきたように，Java では，基本データ型と，クラスおよび配列とではインスタンスの作成法が異なります．例えば，下の例で int 型や double 型のような基本データ型の変数は，new 演算子を必要とせず定義しただけでメモリ領域が確保されます．しかし，クラスオブジェクトと配列の場合には宣言しただけではインスタンスが作成されず，必ず new 演算子を用いてコンストラクタを呼び出さなければなりません．宣言でつくられるのはオブジェクトへの参照（reference）だけです．

```
int i; //基本データ型は宣言すればメモリ領域が確保される
double d;
i=10; d=12.5; //宣言した変数に数値の代入が可能
Circle c; //まだインスタンスが作成されていない
c=new Circle(100,200,5.0); //インスタンスが作成された
int[] a=new int[10]; //配列が作成される．
```

基本データ型とクラスオブジェクトの違いはメソッドの引数にも表れます．プログラム 3.5 は，メソッド swap に二つの引数を渡し，それぞれの値をたがいに入れ替えようとしたものですが，これは意図したとおりには動作しません．

[プログラム 3.5: ch3/Swap1.java]
```
1   class Swap1 {
2       static void swap(int i, int j) { //このメソッドは正しく動かない!
3           int temp;
4           temp=i; i=j; j=temp;
5       }
6       public static void main(String[] args) {
7           int i=5, j=10;
8           System.out.println("Before swap: i="+i+"  j="+j);
9           swap(i,j);
10          System.out.println("After swap:   i="+i+"  j="+j);
11      }
12  }
```

[実行例]
```
% java Swap1
Before swap: i=5  j=10
After swap:   i=5  j=10
```

Javaでは，基本データ型がメソッド呼び出しの引数に指定されたとき，メソッドには値が渡されます．swap内でそれぞれの引数の入替えが行われていますが，呼び出し元のmainメソッド内ではi, jの値に変化がありません．

一方，プログラム3.6ではクラスのオブジェクトを引数に指定しています．この場合には17行目で渡しているインスタンスob1とob2の中のiの値は入れ替えられます．Javaでは，クラスオブジェクトをメソッドの引数で渡すときは，そのオブジェクト自身ではなく参照というものが渡されます．swap内ではその参照を用いてデータの入替えを行っていますが，参照の先（すなわち参照されているインスタンス自身）はmainメソッド内のob1とob2であり，それぞれのiの値が入れ替えられます[†]．

[プログラム 3.6: ch3/Swap2.java]
```
1   class Value {
2       int i;
3       Value(int val) {
4           i=val;
5       }
6   }
7
8   class Swap2 {
9       static void swap(Value a,Value b) {
10          int temp;
11          temp=a.i; a.i=b.i; b.i=temp;
12      }
13      public static void main(String[] args) {
14          Value ob1=new Value(10);
15          Value ob2=new Value(20);
16          System.out.println("Before swap: ob1.i="+ob1.i+" ob2.i="+ob2.i);
17          swap(ob1,ob2);
18          System.out.println("After  swap: ob1.i="+ob1.i+" ob2.i="+ob2.i);
```

[†] C言語を学習した読者は戸惑うかもしれませんが，Javaのクラスオブジェクトの変数はすべてポインタ変数と同じ動作をすると思えばよいでしょう．

```
19      }
20   }
```

[実行例]
```
% java Swap2
  Before swap: ob1.i=10 ob2.i=20
  After  swap: ob1.i=20 ob2.i=10
```

3.5　コンストラクタ

　先に，クラスを作成する際に**コンストラクタ**という特殊なメソッドを呼ぶことを述べました．このコンストラクタはクラスを定義する際に，つねに記述しなければならないわけではなく，コンストラクタの記述がなければ，引数をもたないコンストラクタが自動的につくられます．このコンストラクタはデフォルトのコンストラクタと呼ばれます．その場合には，各フィールドの値に表2.1に示したデフォルト値が入れられます．しかし，インスタンスの作成に際して，フィールド値の初期化を行ったり，オブジェクトがつくられるときにはなんらかの特定の処理を行う場合には，コンストラクタの定義を記述しておくと便利です．例えば，プログラム3.2の例では，クラス `Circle` のインスタンスを半径と中心座標が指定される3引数のコンストラクタを用いて生成しました．

　コンストラクタの名前は，クラスの名称と同一です．またコンストラクタはreturn文で値を返しません．しかし，戻り値の型を void と指定してはなりません．つまり，コンストラクタでは戻り値の型を指定しません．これが通常のメソッドと異なる点です．

　一般のメソッドと同様に，コンストラクタでも引数の個数や型（シグネチャ）が異なる複数のコンストラクタを定義できます．プログラム3.7に，そのようなコンストラクタの例を示します．ここでは，複数のコンストラクタのうち，どのコンストラクタが呼ばれたかを明らかにするために，コンストラクタが呼び出されたときメッセージをコンソールに表示させています．

[プログラム 3.7: ch3/ConstractorSample.java]

```
1    class ClassA {
2        int vala;
3        int valb;
4        ClassA() {
5            vala=0; valb=0;
6            System.out.println("引数なしのコンストラクタ");
7        }
8        ClassA(int i) {
9            vala=i; valb=0;
10           System.out.println("引数1個のコンストラクタ");
11       }
12       ClassA(int i,int j) {
13           vala=i; valb=j;
14           System.out.println("引数2個のコンストラクタ");
```

3.5 コンストラクタ

```
15          }
16          public void printVals() {
17              System.out.printf("vala=%d, valb=%d\n",vala,valb);
18          }
19     }
20     class ConstractorSample {
21          public static void main(String[] args) {
22              ClassA c0,c1,c2;
23              c0=new ClassA();
24              c1=new ClassA(10);
25              c2=new ClassA(5,20);
26              c0.printVals();
27              c1.printVals();
28              c2.printVals();
29          }
30     }
```

このプログラムの実行結果を以下に示します．

[実行例]
```
    % java ConstractorSample
    引数なしのコンストラクタ
    引数1個のコンストラクタ
    引数2個のコンストラクタ
    vala=0, valb=0
    vala=10, valb=0
    vala=5, valb=20
```

ClassA 内で，引数が0個，1個，2個のコンストラクタを定義しています．ClassA 内のフィールド値 vala と valb に，引数0個の場合には共に0を代入しています．引数1個の場合には，その引数を vala に代入し，valb には0を代入しています．引数2個の場合には，それぞれの引数を vala と valb に代入しています．

23行目から25行目で，引数の数が異なる3種類のコンストラクタを用いて ClassA の三つのインスタンスを生成しています．26行目から28行目では，三つのインスタンスのフィールド値を確認しています．

上で述べたのは引数の個数が異なる場合でした．名前と引数の個数が同じで型が異なる複数のコンストラクタも多重定義できます．プログラム 3.8 では引数の型が異なるコンストラクタの多重定義（オーバーロード）の例を示しています．

[プログラム 3.8: ch3/ConstractorOverload.java]

```
1    class ClassB {
2        int vali;
3        double vald;
4        String vals;
5        ClassB(int i) {
6            vali=i;
7        }
8        ClassB(double d) {
9            vald=d;
```

```
10        }
11        ClassB(String s) {
12            vals=s;
13        }
14        public void printVals() {
15            System.out.printf("vali=%d, vald=%f, vals=%s\n",vali,vald,vals);
16        }
17    }
18    class ConstractorOverload {
19        public static void main(String[] args) {
20            ClassB c0,c1,c2;
21            c0=new ClassB(10);
22            c1=new ClassB(1.414);
23            c2=new ClassB("文字列の代入");
24            c0.printVals();
25            c1.printVals();
26            c2.printVals();
27        }
28    }
```

[実行例]
```
% java ConstractorOverload
vali=10, vald=0.000000, vals=null
vali=0, vald=1.414000, vals=null
vali=0, vald=0.000000, vals=文字列の代入
```

このプログラムでは，3種類の型の異なるフィールドをもつクラスを定義し，それぞれの型のフィールドを初期化するコンストラクタを用意しています．c0, c1, c2 の三つのインスタンスをそれぞれのコンストラクタで生成後，内容を printVals で表示しています．おのおののコンストラクタでは，三つのフィールドすべてに対して値が代入されているわけではありません．おのおの一つずつです．このようにフィールド値になにも設定しなかった場合には，デフォルト値が代入されます．int や double など，数値のオブジェクトは0値で，文字列やオブジェクトは null で初期化されます（表 2.1 参照）．

先にコンストラクタが定義されていなければ，デフォルトのコンストラクタ（すなわち引数のないコンストラクタ）が自動的に作成されることを述べました．しかし，デフォルトコンストラクタが作成されるためには，他のコンストラクタ，すなわち引数をもつコンストラクタが定義されていてはならないという制約があります．一つでもそのようなコンストラクタが定義されていると，デフォルトコンストラクタは作成されません．プログラム 3.9 に例を示します．

[プログラム 3.9: ch3/Constructor.java]
```
1  class Constructor {
2      public static void main(String[] args) {
3          SomeObject a=new SomeObject(10,20);
4          SomeObject b=new SomeObject();
5      }
6  }
7  class SomeObject {
```

```
 8          int i,j;
 9          SomeObject(int a,int b) {
10              i=a; j=b;
11          }
12      }
```

このプログラムでは，クラス SomeObject に 2 引数コンストラクタが定義されています．3 行目では，この 2 引数コンストラクタを呼び出しています．これは問題ありません．しかし，4 行目で引数なしのコンストラクタを呼び出しています．このプログラムをコンパイルすると，以下の実行例に示すコンパイルエラーが出されます．すなわち，SomeObject() というコンストラクタを見つけることができなかったことを示しています．これは，2 引数のコンストラクタが定義されているため，デフォルトのコンストラクタがつくられなかったためです．

[実行例]
```
% javac Constractor.java
Constractor.java:4: エラー: クラス SomeObject のコンストラクタ SomeObject は指定された型に適用できません。
        SomeObject b=new SomeObject();
                     ^
  期待値: int,int
  検出値: 引数がありません
  理由: 実引数リストと仮引数リストの長さが異なります
エラー 1 個
```

コンストラクタの要点

- コンストラクタはクラス名と同じ名前をもち，戻り値型が指定されない．
- コンストラクタは通常のメソッドと同様にオーバーロードできる．
- コンストラクタを宣言しない場合には，引数のないデフォルトのコンストラクタが自動的につくられる．
- 引数をもつコンストラクタを一つでも定義すると，デフォルトのコンストラクタはつくられない．

3.6 クラス変数

クラスのオブジェクトは，通常インスタンスごとに異なるフィールド値をもちます．例えば，本章冒頭のクラス Circle では，各インスタンスごとに独自の x, y, r の値をもちます．これを**インスタンス変数**（インスタンスフィールド）と呼びます．一方で，あるクラスのインスタンス全体で 1 個のフィールド値を共有したい場合があります．例えば，あるクラスにおいて，そのクラスから生成されたインスタンスの個数を数えたいという場合を考えます．

このような場合に，すべてのインスタンスに共通の変数（フィールド）が必要になります．あるクラスから生成されたインスタンスの数を数えるには，最初にこのクラスに属すインスタンス間で共通の変数の値を0にしておき，コンストラクタが呼び出される都度，その値をインクリメントすればよいことになります．このようなすべてのインスタンスに共通のフィールド，つまりクラスに対して1個割り当てられる変数を**クラス変数**（クラスフィールド）と呼びます．

クラス変数を用いたプログラム例をプログラム3.10に示します．

[プログラム 3.10: ch3/ClassField.java]

```
1   class ClassD {
2       static int counter;
3       ClassD() {
4           counter++;
5       }
6       void printCounter() {
7           System.out.printf("count=%d\n",counter);
8       }
9   }
10  class ClassField {
11      public static void main(String[] args) {
12          ClassD c1,c2,c3;
13          c1=new ClassD(); c1.printCounter();
14          c2=new ClassD(); c2.printCounter();
15          c3=new ClassD(); c3.printCounter();
16      }
17  }
```

この実行例を以下に示します．

[実行例]
```
% java ClassField
count=1
count=2
count=3
```

プログラムの2行目でクラス変数counterを定義しています．このように，クラス変数はstaticを付けて宣言します．クラス変数は，あるクラスに属すすべてのインスタンスで共有されるため，インスタンスが一つつくられる度に，counter値がインクリメントされ，生成したオブジェクトの個数が数えられています．

―クラス変数の要点―

- クラス変数は同じクラスのインスタンス間で1個の変数が共有される．
- クラス変数の定義には，static修飾子を付ける．
- クラス変数へのアクセスは，「インスタンス名.変数名」でも「クラス名.変数名」でも行える．

3.7 クラスメソッド

ある実数値の平方根を求める処理を考えます．このためには，Math クラスの sqrt というメソッドを使います．プログラム 3.11 は 1 から 5 までの平方根を求めて，その結果を表示するものです．

[プログラム 3.11: ch3/SqrtTable.java]
```
1   class SqrtTable {
2       public static void main(String[] args) {
3           double res;
4           for(double val=1.0; val <= 5.0; val++) {
5               res=Math.sqrt(val);
6               System.out.printf("val=%3.1f, res=%7.4f\n",val,res);
7           }
8       }
9   }
```

実行結果を以下に示します．

[実行例]
```
% java SqrtTable
val=1.0, res= 1.0000
val=2.0, res= 1.4142
val=3.0, res= 1.7321
val=4.0, res= 2.0000
val=5.0, res= 2.2361
```

先に，クラスの使い方の基本はインスタンスを生成して，そのインスタンスに対してメソッドを適用する，と述べました．しかし，このプログラムでは Math クラスのインスタンスを生成していません．5 行目で，Math.sqrt というメソッドを呼び出しているのみです．この例のような数学関数の利用では，引数の値の関数値（この場合には平方根）を求めたいことが目的であり，そのためになんらかのインスタンスを生成することは煩わしく感じます．または，この場合のインスタンスをなににすればよいかにも迷います[†]．そのような場合に，**クラスメソッド** を定義します．クラスメソッドの呼び出し方は，「クラス名.メソッド名」です．プログラム 3.11 の例では，5 行目で `Math.sqrt(val)` としていますが，Math がクラス名です．

クラスメソッドは，ライブラリーに用意されているものを呼び出す他，ユーザが定義することもできます．その例をプログラム 3.12 に示します．

[†] 実は，Math クラスはコンストラクタを呼び出してインスタンスを作成することができません．これは Math クラスのコンストラクタに private のアクセス制限が付けられているためです．アクセス制限については 4.5 節で述べます．

[プログラム 3.12: ch3/ClassMethod.java]
```
1   class Involution {
2       public static int square(int i) {
3           return i*i;
4       }
5       public static int cube(int i) {
6           return i*i*i;
7       }
8   }
9   class ClassMethod {
10      public static void main(String[] args) {
11          int i=5,j;
12          j=Involution.square(i);
13          System.out.printf("%d ×%d=%d\n",i,i,j);
14          j=Involution.cube(i);
15          System.out.printf("%d ×%d ×%d=%d\n",i,i,i,j);
16      }
17  }
```

クラスメソッドもクラスフィールドと同様に，static を付けて宣言します（2 行目，5 行目参照）．各メソッドを呼び出す際には，クラス名 Involution を付けて呼び出します（12 行目，14 行目）．すでに何度も表れているメソッド main もクラスメソッドです．これは，

    public static void main(String[] args)

と，宣言に static が付けられていることからもわかります．

つぎに，クラスメソッドやクラスフィールドの使用上の注意を，プログラム 3.13 を例に述べます．

[プログラム 3.13: ch3/ClassMethodError.java]
```
1   class Involution {
2       int val=20;
3       public static int square(int i) {
4           System.out.printf("val=%d\n",val); // Error!
5           return i*i;
6       }
7       public static int cube(int i) {
8           return i*i*i;
9       }
10  }
11  class ClassMethodError {
12      public static void main(String[] args) {
13          int i=5,j;
14          Involution.val=10; //Error!
15          Involution inv=new Involution();
16          j=Involution.square(i);
17          System.out.printf("%d ×%d=%d\n",i,i,j);
18          j=Involution.cube(i);
19          System.out.printf("%d ×%d ×%d=%d\n",i,i,i,j);
20          j=inv.cube(i);
21          System.out.printf("%d ×%d ×%d=%d\n",i,i,i,j);
22      }
23  }
```

このプログラムは正しくコンパイルされず，つぎのエラーメッセージが表示されます．

3.7 クラスメソッド

[実行例]
```
% javac ClassMethodError.java
ClassMethodError.java:4: static でない 変数 val を static コンテキストから参照することはできません。
System.out.printf("val=%d\n",val);
                              ^
ClassMethodError.java:14: static でない 変数 val を static コンテキストから参照することはできません。
Involution.val=10;
          ^
エラー 2 個
```

4行目と14行目で，共に「static でない 変数 val を static コンテキストから参照することはできません。」というエラーが表示されています．つまり，クラスメソッドの中では，インスタンス変数（この場合には val）の値を参照したり，代入したりすることができないこと，また，「クラス名.インスタンス変数」のような形での参照を行ってはいけないことを示しています．4行目では，フィールド val の値を参照していますが，どのインスタンスであるかが示されていません．すなわち，クラス Involution からつくられるインスタンスは多数存在する可能性があり，一般にはそれぞれで val の値は異なっているものと想像できますが，どのインスタンスであるかが指定されない場合には val の値も決められないという理由によります．

インスタンスを指定してクラスメソッドを呼び出すことは可能です．20行目では，Involution クラスのインスタンス inv を指定してクラス関数 cube を呼び出していますが，これは正しく動作します．しかし，クラスメソッドの呼び出しは，クラス名を指定して呼び出すことが推奨されます．また，クラス変数の値を変更したり，参照するためにはクラス名でアクセスします．

ここには例を示していませんが，インスタンスメソッド（static が付いていないメソッド）は「クラス名.インスタンスメソッド名」では呼び出すことができません．この理由は，インスタンスメソッドは個々のオブジェクトごとに異なるフィールド値を参照するためです．クラス名を指定しての呼び出しでは，どのオブジェクトのフィールド値かを特定できません．

クラスメソッドの要点

- クラスメソッドの定義には，static 修飾子を付ける．
- クラスメソッドの呼び出しは，「インスタンス名.メソッド名」，または「クラス名.メソッド名」で行う．ただし，混乱を避けるために，「クラス名.メソッド名」で呼び出すように統一したほうがよい．
- クラスメソッド内では，インスタンスフィールドを参照できない．

3.8 String クラス

String クラスは文字列のクラスです．String クラスには，文字列を生成するコンストラクタと，文字列を処理するための有益なクラスが多数含まれています．前節まででクラスに関する基本的な事項について説明したため，ここでは 4 章以降で頻繁に利用する String クラスについて述べます．

プログラム 3.14 は String クラスのメソッドの利用例です．

[プログラム 3.14: ch3/StringTest.java]

```
1   class StringTest {
2       public static void main(String[] args) {
3           String s1=new String("abcdefg");
4           String s2=new String("abcdefg");
5           String s3=new String("あいうえお");
6           System.out.println("文字列:"+s1);
7           System.out.println("3 番目の文字:"+s1.charAt(3));
8           System.out.println(s1+"と"+s2+"の比較:"+s1.compareTo(s2));
9           System.out.println(s1+"と"+s3+"の比較:"+s1.compareTo(s3));
10          System.out.println(s1+"と"+s3+"の結合:"+s1.concat(s3));
11          System.out.println(s1+"に"+"def は含まれるか: "
12                             +s1.contains("def"));
13          System.out.println(s1+"と"+s2+"は内容が同じか:"
14                             +s1.contentEquals(s2));
15          System.out.println(s1+"と"+s2+"は同じオブジェクト:"+s1.equals(s2));
16          String s4=String.format(s3+"の文字数は"+s3.length());
17          System.out.println(s4);
18          System.out.println(s3+"中で「う」は"+s3.indexOf('う')+"文字目");
19          System.out.println(s3+"の「う」を「く」に置き換える:"
20                             +s3.replace('う','く'));
21          System.out.println(s1+"を大文字に変換:"+s1.toUpperCase());
22      }
23  }
```

この，実行例を下に示します．

[実行例]
```
% java StringTest
文字列：abcdefg
3 番目の文字：d
abcdefg と abcdefg の比較：0
abcdefg とあいうえおの比較：-12257
abcdefg とあいうえおの結合：abcdefg あいうえお
abcdefg に def は含まれるか: true
abcdefg と abcdefg は内容が同じか：true
abcdefg と abcdefg は同じオブジェクト：true
あいうえおの文字数は 5
あいうえお中で「う」は 2 文字目
```

```
あいうえおの「う」を「く」に置き換える：あいくえお
abcdefg を大文字に変換：ABCDEFG
```

表3.1 に String クラスの代表的なコンストラクタ，メソッドの例（抜粋）を示します．この表の第1列が C のものはコンストラクタを，I はインスタンスメソッドを，S はクラスメソッドを示しています．

表 3.1 String クラスのメソッド例（抜粋）

種類	戻り値型	メソッド名	説明
C		String()	空の文字列を作成する．
C		String(byte[])	byte 配列から文字列を生成する．
C		String(char[])	char 配列から文字列を生成する．
C		String(String s)	文字列 s の内容で新しい文字列を生成する．
I	char	charAt(int idx)	idx 位置の文字を返す．
I	int	compareTo(String str)	文字列を辞書的に比較する．
I	String	concat(String str)	この文字列の最後に，str を連結する．
I	int	indexOf(int ch)	文字列内で，文字 ch が最初に出現する位置を返す．
I	int	indexOf(String str)	文字列内で，str が最初に出現する位置を返す．
I	int	length()	文字列の長さを返す．
I	String	replace(char oC, char nC)	文字列内のすべての oC を nC に置換する．
I	String[]	split(String regex)	文字列を指定された正規表現に一致する位置で分割する．
I	String	substring(int bI,int eI)	文字列中の bI から eI までの部分文字列を返す．
I	String	trim()	文字列の最初と最後の空白文字を取り除いた文字列を返す．
S	String	valueOf(type v)	いずれかの基本データ型（type）の値 v を文字列にして返す．
S	String	format(String fmt, args...)	書式化された文字列を返す．

compareTo が返す値は，このオブジェクトが引数 str より辞書的に前にある場合は負の値，等しい場合は 0，後にある場合は正の値を返します．上の実行例では5行目で負の値が示されていますが，これは英文字がひらがなより辞書的に前に置かれているためです．ただし，日本語では辞書的順序と一致しません．各漢字に割り当てられているコードの順番になります．

format メソッドは，フォーマットされた文字列を得るメソッドです．プログラム 3.15 に使用例を示します．5行目では，整数 i, j の値を3桁で表現し，実数 d の値を全体が6桁，小数点以下2桁で表現する文字列に変換しています．また6行目では i と j の値を 16 進数 3桁で表現する文字列に変換しています．format での引数の指定法は System.out.printf での

指定法と同じです．このformatメソッドはクラスメソッドであるため，String.formatのようにクラス名を指定して呼び出しています．

[プログラム 3.15: ch3/StringFormat.java]

```
1   class StringFormat {
2       public static void main(String[] args) {
3           int i=15, j=20;
4           double d=3.14;
5           String fmt1=String.format("%3d,%3d,%6.2f",i,j,d);
6           String fmt2=String.format("%3x,%3x",i,j);
7           System.out.println(fmt1);
8           System.out.println(fmt2);
9       }
10  }
```

[実行例]
```
% java StringFormat
 15, 20,   3.14
  f,  14
%
```

3.4節で，基本データ型とオブジェクト型の大きな違いの一つとして，呼び出したメソッドの中で値を変更したとき，呼び出し元のオブジェクトの内容も変更されることを説明しました．これは一般のクラスオブジェクトで成り立ちます．しかし，Stringでは，呼び出したメソッド内で値を変更しても，呼び出し元の値は変わりません．このようなオブジェクトを不変（immutable）オブジェクトと呼びます．String型は不変オブジェクトです．したがって，つぎのプログラムを実行した場合には，strの値が呼び出し前と，呼び出し後で変わりません．Stringクラスは基本データ型のように振る舞います．

```
class StringTest {
    public static void main(String[] args) {
        String str="abc"
        System.out.printf("a=%s\n", str);
        change(str);
        System.out.printf("a=%s\n", str);
    }
    static void change(String s) {
        s="def";
    }
}
```

3.9　ラッパークラス

2章で，8種類の基本データ型について述べました．基本データ型の変数は，宣言すればそ

の変数に値を代入したり，参照できます．一方，前節で述べた String クラスなどのすべてのクラスでは，変数を宣言した後，new 演算子によりオブジェクトを作成しなければなりません．つまり，基本データ型とクラスのオブジェクトは本質的に異なるものです．

一方，基本データ型もクラスオブジェクトとして扱えると都合がよい場合があります．例えば，11 章で扱うコレクションクラスでデータを管理したい場合です．そのため，Java では基本データ型に対応するクラスが用意されています．これらのクラスは，基本データ型を内部に含み，それらに有益なフィールドやメソッドを追加したものであり，**ラッパークラス**と呼ばれます．各基本データ型に対応するラッパークラスを**表 3.2** にまとめます．

表 3.2 ラッパークラス

基本データ型	ラッパークラス
boolean	Boolean
char	Character
byte	Byte
short	Short
int	Integer
long	Long
float	Float
double	Double

基本データ型をラッパークラスに変換（この操作を**ボクシング**（箱に入れる）と呼びます）やラッパークラスの値を基本データ型に代入する（この操作を**アンボクシング**（箱から取り出す）と呼びます）操作は，つぎに示すように基本データ型同士の代入のように行うことができます．それぞれ，ci には 10 が，bj には 20 が代入されます．

```
int bi=10;
Integer ci=bi;
Integer cj=20;
int bj=cj;
```

表 3.3 Integer クラス

フィールドまたはメソッド名	説　　明
static int MAX_VALUE	int の取りえる最大値 ($2^{31} - 1$)
static int MIN_VALUE	int の取りえる最小値 (-2^{31})
Integer(int value)	コンストラクタ，value 値をもつオブジェクトがつくられる．
Integer(String s)	コンストラクタ，文字列 s の内容を数値とするオブジェクトがつくられる．
static int max(int a,int b)	a と b の大きいほうの値を得る．
static int min(int a,int b)	a と b の小さいほうの値を得る．
static Integer valueOf(String s)	文字列 s の内容を数値とするオブジェクトを得る．

ラッパークラスで定義されているフィールドやメソッドの例を Integer クラスを例にして，**表 3.3** に示します．他のデータ型にも同様のクラスフィールドやメソッドがあります．

これらのメソッドやフィールドを参照する例として，プログラム 3.16 とその実行結果を以下に示します．

[プログラム 3.16: ch3/IntegerClassSample.java]

```
1   class IntegerClassSample {
2       public static void main(String[] args) {
3           System.out.println("int の最大値は:"+Integer.MAX_VALUE);
4           System.out.println("int の最小値は:"+Integer.MIN_VALUE);
5           Integer k=new Integer(123);
6           Integer m=new Integer("321");
7           System.out.printf("k=%d, m=%d\n",k,m);
8           int iMin=Integer.min(15,25);
9           int iMax=Integer.max(15,25);
10          System.out.printf("iMin=%d, iMax=%d\n",iMin,iMax);
11          Integer n=Integer.valueOf("101");
12          System.out.println("n="+n);
13      }
14  }
```

[実行例]
```
% java IntegerClassSample
int の最大値は:2147483647
int の最小値は:-2147483648
k=123, m=321
iMin=15, iMax=25
n=101
```

章 末 問 題

【1】以下の文章はクラスについて述べたものである．内容が誤っているものをすべて選び，記号で答えなさい．
(1) 引数をもつコンストラクタが一つでも定義されている場合，デフォルトのコンストラクタは自動的にはつくられない．
(2) クラスフィールドを定義する際には，`final` 修飾子を付ける．
(3) クラスメソッドは，インスタンスを指定した呼び出しができない．
(4) クラスメソッドから，インスタンスフィールドを参照できない．
(5) クラスメソッドが定義されているクラスは，コンストラクタをもたない．
(6) Java では一つのソースファイルに複数のクラスの定義を含めることができる．
(7) 一つのプログラムが複数のクラスで構成されている場合，main メソッドを含むクラスが複数あってはならない．
(8) オブジェクトを引数にもつメソッド中で，そのオブジェクトのフィールド値を変更した場合，呼び出し元のオブジェクトの内容も変えられる．

【2】 つぎのプログラムの文法上の誤りをすべて指摘しなさい．

```
1  class A {
2    int ival;
3    A(int i) {ival=i;}
4    public static void main(String[] args) {
5      A ins1=new A();
6      A ins2;
7      System.out.println(ins2.ival);
8    }
9  }
```

【3】 つぎのプログラムの文法上の誤りをすべて指摘しなさい．

```
1  class B {
2    int ival=10;
3    static int jval=20;
4    static int getVal() {
5      return ival;
6    }
7    static void main(String[] args) {
8      B ins=new B();
9      System.out.println(B.ival);
10     System.out.println(B.jval);
11   }
12 }
```

【4】 つぎのプログラムの文法上の誤りをすべて指摘しなさい．

```
1  class C {
2      final static int a=10;
3      public static void main(String[] args) {
4          int i=a;
5          a++;
6          System.out.println("a="+a);
7      }
8  }
```

【5】 クラス変数とはなにか説明しなさい．また，クラス変数と通常のフィールドとの差異を例を挙げて説明しなさい．

【6】 クラスメソッドとはなにか，説明しなさい．

【7】 整数配列 a の i 番目の要素と j 番目の要素を入れ代えるメソッド，
　　　　void swap(int i,int j,int[] a)
をあるクラスのクラスメソッドとして定義したい．このプログラムを書きなさい．

【8】 つぎのプログラムをコンパイルしたところ，下に示すエラーメッセージが出力された．理由と対応法を述べなさい．

```
1  class Constractor {
2      public static void main(String[] args) {
```

```
 3          SomeObject a=new SomeObject(10,20);
 4          SomeObject b=new SomeObject();
 5      }
 6  }
 7  class SomeObject {
 8      int i,j;
 9      SomeObject(int a,int b) {
10          i=a; j=b;
11      }
12  }
```

[実行例]
```
% javac Constractor.java
Constractor.java:4: エラー: クラス SomeObject のコンストラク
タ SomeObject は指定された型に適用できません。
        SomeObject b=new SomeObject();
                     ^
  期待値: int,int
  検出値: 引数がありません
  理由: 実引数リストと仮引数リストの長さが異なります
エラー 1 個

%
```

演　　習

3.1 もし C 言語をすでに知っていれば，つぎの C 言語で書かれたバブルソートのプログラムを Java に書き換えなさい．

〔ヒント〕

- 3 行目の swap 関数で，配列のポインタを引数として渡しているが，Java では配列が参照で渡されるため，swap メソッドの第 3 引数には `A[]` を渡せばよい．
- 関数 swap, bubblesort 共に，特定のインスタンスに対して実行するメソッドにはならないので，Java に変える際には，メソッド定義の先頭に `static` という修飾子を付ける．
- 24 行目は，配列のサイズを得る演算であるが，Java では単に data.length により得ることができる．

```c
1  #include <stdio.h>
2
3  void swap(int i, int j, int *A) {
4    int k=A[i];
5    A[i]=A[j]; A[j]=k;
6  }
```

```
 7
 8  void bubblesort(int h, int k, int *A) {
 9    int i,j;
10    int test;
11    for(i=h; i<k; i++) {
12      test=1;
13      for(j=k; j>=i+1; j--)
14        if(A[j] < A[j-1]) {
15          swap(j,j-1,A);
16          test=0;
17        }
18      if(test == 1) return;
19    }
20  }
21
22  main() {
23    int data[]={8,6,1,3,7,6,5,2,4,9};
24    int num=sizeof(data)/sizeof(int);
25    int i;
26    printf("Before sorting.\n");
27    for(i=0; i<num; i++)
28      printf("%d ",data[i]);
29    printf("\n");
30    bubblesort(0,num-1,data);
31    printf("After sorting.\n");
32    for(i=0; i<num; i++)
33      printf("%d ",data[i]);
34    printf("\n");
35  }
```

4 クラスの拡張

Java Programming

前章ではクラスの概要について説明しました．本章では，クラスの拡張について述べます．クラス拡張とは，元になるクラス（スーパークラスまたは親クラスと呼ぶ）で定義されたメソッドやフィールドを，新しく定義するクラス（サブクラスまたは子クラスと呼ぶ）が受け継ぐことです．これにより，スーパークラスがもつフィールドやメソッドを，サブクラスが利用できます．さらに，サブクラスではスーパークラスとの差（追加したい機能）のみを記述することにより，独自の機能追加を行えます．この仕組みにより，効率よいプログラム開発を行えます．一般にオブジェクト指向言語では，このクラスの拡張をクラスの継承（inheritance）と呼びます．

4.1 クラス拡張の準備

まず，前章で述べたクラスの基礎を復習するプログラム例を示します．コンピュータで図形を扱うとき，折れ線（ポリライン）近似がよく用いられます．図 4.1 (a) の曲線は，図 (b) のような折れ線列で近似表現されます．この折れ線列の頂点に番号を付け，各頂点の x, y 座標を配列で管理します．

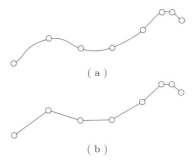

図 4.1 自由曲線の折れ線近似

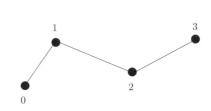

図 4.2 折れ線の例

プログラム 4.1 にポリラインを表現するクラスを示します．2 行目と 3 行目がポリラインの位置・形状を表現するためのデータです．図 4.2 は単純化したポリラインを示しています．

ここには 4 つの折れ点があり，隣接する折れ点間が線で結ばれています．2 行目の pnum は
その折れ点数（この例では 4）を記録します．また，3 行目の x と y の配列には，各折れ点の
x, y 座標を格納します．

4 行目からは Polyline クラスのコンストラクタです．頂点数（pnum），各頂点の座標値が
入れられた配列（x, y）を引数として受け取り，それぞれの値をフィールドに格納していま
す．ここで問題になるのは，クラスのフィールドで定義している pnum, x, y と，コンスト
ラクタの引数で与えられる同じ名前の変数をどう区別したらよいかです．もちろん，これら
の変数名を別のものにすれば混乱はありませんが，同じ意味の変数名には同じ名前を使いた
い場合があります．Java ではメソッド内の変数名とフィールドで定義されている変数名が同
じ場合に，つぎの順番で判断します．

1. 変数名がメソッド内で定義されていれば，その変数．仮引数の変数名もメソッド内で
   定義されている変数です．
2. 同じ変数名がメソッド内で宣言されていなければ，フィールドで宣言されている変数．

ある変数名がメソッド内で宣言されているとき，同じ名前のフィールドの変数を指定するた
めには，this キーワードを使います．例えば，プログラム 4.1 の 5 行目で，this.pnum=pnum;
と書かれている部分では，右辺の pnum は仮引数の pnum を，左辺は this.pnum となってい
るため，フィールドの pnum を指します．

[プログラム 4.1: ch4/Polyline.java]
```
1    class Polyline {
2        int pnum;
3        int[] x,y;
4        Polyline(int pnum, int[] x, int[] y) {
5            this.pnum=pnum; this.x=new int[pnum]; this.y=new int[pnum];
6            for(int i=0; i<n; i++) {
7                this.x[i]=x[i]; this.y[i]=y[i];
8            }
9        }
10       void print() {
11           System.out.println("Vertex="+pnum);
12           for(int i=0; i<pnum; i++)
13               System.out.println("["+i+"]   ("+x[i]+","+y[i]+")");
14       }
15       double length() {
16           double sum=0.0;
17           for(int i=0; i<pnum-1; i++)
18               sum +=Math.sqrt((double)((x[i+1]-x[i])*(x[i+1]-x[i])
19                       +(y[i+1]-y[i])*(y[i+1]-y[i])));
20           return sum;
21       }
22   }
```

残りの行を簡単に説明しておきます．10 行目からは，ポリラインのデータを表示する print
メソッドです．頂点数を表示し，つぎに各頂点の座標を出力します．15 行目からの length

はポリラインの全体の長さを返すメソッドです．折れ線1本ごとの長さを

$$\sqrt{(x[i+1]-x[i])^2+(y[i+1]-y[i])^2}$$

で求め，その総和を返しています．

4.2 クラスの拡張

現実世界で線状のものをコンピュータ上でモデル化する際に，前節で述べた折れ線がよく用いられます．その例として，地図に関する情報をコンピュータ内で表現することを考えます．地図には，道路，河川，等高線，行政界など，多種類の線が表れます．通常，これらの線の形状は折れ線で近似表現されます．したがって，これらのものに対するクラスをつくる際には，ポリラインを用いればよいことになります．しかし，道路と河川というクラスをつくる場合に，ポリラインの記述を繰り返し各クラスにもたせるのは面倒です．ここで役に立つのがクラスの拡張という方法です．

クラスの拡張により新しいクラスを定義すると，基になるクラス（上の例ではポリライン）のもつフィールドとメソッドがすべて道路に受け継がれます[†]．そこで，道路クラスの定義には，道路が独自に必要とするフィールドやメソッドのみを記述すればよいことになります．つまり，差分のみのプログラミングですむことになります．

クラス定義の基になるクラスをスーパークラス（super class，親クラス）と呼び，新しく定義されるクラスをサブクラス（sub–class，子クラス）と呼びます．上の例ではPolylineがスーパークラス，新しく定義されるクラス（例えばRoad）がサブクラスです．

プログラム4.2はPolylineを基のクラスとして，新しいクラスRoadを定義しています．1行目から12行目までがclass Roadを定義している部分であり，13行目以下はそれをテストするためのクラスです．

[プログラム 4.2: ch4/RoadTest.java]

```
1   class Road extends Polyline {
2       String name;
3       Road(int n, int[] xx, int[] yy, String s) {
4           super(n,xx,yy);
5           name=new String(s);
6       }
7
8       void print() {
9           System.out.println("Name="+name);
10          super.print();
11      }
12  }
13  class RoadTest {
14      public static void main(String[] args) {
15          int n=3;
16          int[] x={0,5,5}, y={0,0,10};
```

[†] ただし，アクセス修飾子privateが付けられているものは除きます．

```
17              Road a=new Road(n,x,y,"road-1");
18              a.print();
19              double leng=a.length();
20              System.out.println("Length="+leng);
21          }
22  }
```

1行目はRoadクラスを定義することを宣言しています．前章までで述べたクラス定義との差は，定義するクラス名Roadにつづけてextends Polylineと書かれている点です．このように，Javaではスーパークラスを拡張して新しいクラスを定義するときには，「extends スーパークラス名」を記述します．

このプログラムには明示されていませんが，Polylineクラスを拡張したことにより，Roadクラスはすでに Polyline の形状を表現するフィールドや，length，printなどのメソッドを受け継いでいます．2行目のフィールド定義nameはスーパークラスのフィールドに加えて道路の名前を格納するフィールドnameを追加することを示しています．

3行目からはRoadクラスのコンストラクタです．Polylineクラスのコンストラクタと比較すると簡単になっています．これは4行目でスーパークラスのコンストラクタを呼び出し，それとの差分として道路名（name）に関する処理だけを追加しているためです．つまり，道路の形状部分はPolylineと同じため，スーパークラスのコンストラクタの呼び出しで省略することができます．スーパークラスのコンストラクタ呼び出しは，スーパークラスの名前をsuperに変えて呼び出します．引数があるコンストラクタを呼び出す場合には，superの呼び出し時にそれらを指定します．ここで注意すべきことは，superの呼び出しは必ずコンストラクタの先頭に置かなければならない点です．スーパークラスのコンストラクタを明に呼び出さない場合にも，サブクラスのコンストラクタの先頭でスーパークラスのデフォルトコンストラクタ（引数をもたないコンストラクタ）が必ず呼び出されます．

道路で独自に追加された情報は，道路の名前（name）です．これについてはRoadのコンストラクタ内で独自に対応する必要があります．そこで，5行目では引数sのコピーをStringクラスのコンストラクタでつくり，それをnameに格納しています．

8行目はprintメソッドの記述です．RoadクラスとPolylineクラスとの差は道路の名前が追加された点でした．そこで9行目ではまず道路名を出力し，それからスーパークラス（Polylineクラス）のprintメソッドを呼んでいます．スーパークラスのメソッドの呼び出しは，メソッド名の先頭に「super.」を付けることにより行えます．10行目の呼び出しはメソッド定義の先頭にはなっていませんが，一般のスーパークラスのメソッド呼び出しはこのようにメソッド内のどこにでも置けます（この点がコンストラクタの場合とは異なります）．このprintメソッドのように，スーパークラスがもつ同名でかつ引数の型と数が一致するメソッドをサブクラスで再定義する操作を**オーバーライド**と呼びます．

13行目以降は，動作を確認するためのmainメソッドを含むクラス（RoadTest）の定義です．15行目と16行目では3頂点の単純なポリラインを定義しています．17行目ではRoadクラスのコンストラクタを呼び，Roadクラスのインスタンスaを作成しています．18行目でprintメソッドを呼び出しています．19行目は道路の長さを求めるメソッドlengthを呼び出しています．Roadクラスの定義ではlengthに関してはまったく記述していませんが，

62   4. クラスの拡張

クラスの拡張によりサブクラスではスーパークラスのメソッドをそのまま利用できます．

[実行例]
```
% java RoadTest
Name=road-1
Vertex=3
[0]   (0,0)
[1]   (5,0)
[2]   (5,10)
Length=15.0
```

―― クラス拡張の要点 ――――――――――――――――――――――――

- クラス拡張では，サブクラスの定義時に「extends スーパークラス名」を付ける．
- サブクラスはスーパークラスのすべてのメソッドとフィールドを継承する．
- スーパークラスのコンストラクタを，サブクラスのコンストラクタ中で super で呼び出せる．ただし，その呼び出しはコンストラクタ定義の先頭に置かれなければならない．
- スーパークラスのメソッドはオーバーライドにより機能拡張できる．
- オーバーライドするメソッド内でのスーパークラスのメソッド呼び出しは，「super.メソッド名」で行う．

4.3 クラス拡張における留意点

プログラム 4.3 は，クラス拡張の別の例を示しています．まずフィールドに整数変数 ival をもつスーパークラス ClassP が定義され，そのクラスを拡張して，フィールドに文字列変数 sval が追加されたサブクラス ClassC が定義されています．それぞれのクラスにはコンストラクタと，インスタンス変数に値を代入するメソッド set，およびインスタンス変数の値を表示する関数 print が定義されています．

[プログラム 4.3: ch4/Inheritance.java]
```
1    class ClassP {
2        int ival;
3        ClassP(int i) {ival=i;}
4        public void set(int i) {ival=i;}
5        public void print() {
6            System.out.printf("---\nival=%d\n",ival);
7        }
8    }
9    class ClassC extends ClassP {
10       String sval;
11       ClassC(int i,String s) {
12           super(i);
```

```
13            sval=new String(s);
14        }
15        public void set(int i,String s) {ival=i; sval=s;}
16        public void print() {
17            super.print();
18            System.out.printf("sval=%s\n",sval);
19        }
20    }
21    class Inheritance {
22        public static void main(String[] args) {
23            ClassP ca=new ClassP(10);
24            ClassC cb=new ClassC(20,"abc");
25            ca.print();
26            cb.print();
27            cb.set(5); cb.print();
28        }
29    }
```

22行目からのmainメソッド内では，23行目でClassPのインスタンスcaをつくり，24行目でClassCのインスタンスcbをつくっています．25行目と26行目ではそれぞれのインスタンスの内容を表示しています．さらに，27行目ではcbのivalの値を5に変更してからcbの内容を表示しています．

この実行結果を以下に示します．

[実行例]
```
% java Inheritance
---
ival=10
---
ival=20
sval=abc
---
ival=5
sval=abc
```

このプログラムでは，11行目から14行目でClassCのコンストラクタを定義しています．12行目でsuper(i)によりスーパークラスのコンストラクタ，ClassP(int i)を呼び出していますが，そこの記述はivalに対してiを代入するだけの単純なものです．そこで，このコンストラクタを以下のように変えることを考えます．

```
ClassC(int i,String s) {
    ival=i;
    sval=s;
}
```

しかし，このように変えたプログラムはコンパイルエラーになります．この理由は若干複雑です．まず，拡張により定義されたクラスのコンストラクタでは，スーパークラスのコンストラクタの呼び出しが必要なためです．もしサブクラスのコンストラクタに，スーパーク

ラスのコンストラクタの呼び出しが明に書かれていなくても，暗黙的に無引数のコンストラクタ super() が呼び出されることはすでに説明しました．したがって，上のように変えた場合には，プログラム中にはスーパークラスのコンストラクタの呼び出しが記述されていないため，super()（これに対応するスーパークラスのコンストラクタは ClassP()）が呼ばれます．しかし，スーパークラス ClassP には無引数コンストラクタ（デフォルトのコンストラクタ）が存在しません．

3.5 節で，コンストラクタが定義されなくても，デフォルトのコンストラクタがつくられると述べましたが，これが行われる条件は他の（引数ありの）コンストラクタが定義されていないことでした．しかし，ClassP にはすでに 1 引数コンストラクタが定義されていることから，デフォルトのコンストラクタはつくられません．これが変更されたプログラムがコンパイルエラーになる理由です．このコンパイルエラーを回避するためには，ClassP に無引数のコンストラクタを追加すればよいことになります．例えば

```
ClassP() {}
```

を追加します．コンストラクタの定義中になにも記述するものがない場合には，このように {} とします．これにより，正常にコンパイルされ，実行できます．以上で述べたことを，以下に要約します．

クラス拡張時のコンストラクタ呼び出しの要点

- クラス拡張によりつくられるクラスのコンストラクタでは，その記述の先頭でスーパークラスのコンストラクタを super で呼び出す．
- もし，明に呼び出さない場合にはスーパークラスの無引数コンストラクタが自動的に呼び出される．
- 明にスーパークラスのコンストラクタを呼び出さず，かつスーパークラスに引数ありのコンストラクタしか定義されていない場合には，コンパイルエラーとなる．このときはスーパークラスに無引数のコンストラクタを追加しなければならない．

4.4 ポリモーフィズム

Java では，親子関係にあるクラスにおいて，スーパークラス型の変数に，サブクラス型の変数を代入できます（逆に，サブクラス型の変数にスーパークラス型の変数は代入できないので注意）．そして，スーパークラス型の変数に対してオーバーライドされたメソッドを適用すると，それがスーパークラスのオブジェクトであればスーパークラスのメソッドが，サブクラスのオブジェクトであればサブクラスのメソッドが実行されます．このように実際のオブジェクトの型により動作を変える性質を**ポリモーフィズム**（polymorphism）といいます．

先のプログラム 4.3 の main 部分を以下のように変更してみます．

```
public class Inheritance {
    public static void main(String[] args) {
```

4.4 ポリモーフィズム

```
            ClassP ca=new ClassP(10);
            ClassP cb=new ClassC(20,"abc"); //cbの型をClassPに変更
            ca.print();
            cb.print();
            cb.set(5); cb.print();
        }
    }
```

変更がわかりにくいかもしれませんが，ただ 1 箇所，4 行目で cb の宣言を ClassC から ClassP に変えてあります．上で述べたように，サブクラスのインスタンスはスーパークラスの変数に代入することができるため，このように変えても問題ありません．また，このプログラムは変更前とまったく同じに動作します．つまり，6 行目の cb.print() では，cb は ClassP 型で宣言された変数ですが，そこには ClassC 型のオブジェクトが代入されています．しかしポリモーフィズムにより，変数の型ではなく，実際のオブジェクトの型に合わせた動作をすることになります．7 行目も同様であり，ClassC 型のオブジェクトの ival 値が 20 から 5 に変えられ，その ClassC 型のオブジェクトの内容が出力されます．

ポリモーフィズムは，あるスーパークラスから派生した多種類のクラスがスーパークラス型で宣言された配列中に混在している場合に，個々の要素ごとにその型に合った動作をさせる場合などで重要となります．この例をプログラム 4.4 に示します．

[プログラム 4.4: ch4/Polymorphism.java]
```
1   class Polymorphism {
2       public static void main(String[] args) {
3           ClassP[] ary=new ClassP[4];
4           ary[0]=new ClassP(1);
5           ary[1]=new ClassC(2,"aaa");
6           ary[2]=new ClassP(3);
7           ary[3]=new ClassC(4,"bbb");
8           for(int i=0; i<4; i++)
9               ary[i].print();
10      }
11  }
```

ここではスーパークラス ClassP の四つの要素からなる配列 ary を用意し，そこに ClassP のオブジェクトを二つ，ClassC のオブジェクトを二つ生成して代入しています．8 行目と 9 行目では，ary[i].print() を実行していますが，下に示す実行結果のように ClassP のオブジェクトに対しては，ClassP の print() が，ClassC のオブジェクトに対しては ClassC の print() がそれぞれ実行されています．

[実行例]
```
% java Polymorphism
---
ival=1
---
ival=2
```

```
sval=aaa
---
ival=3
---
ival=4
sval=bbb
```

つまり，メソッドがオーバーライドされていると，参照変数がスーパークラスのものであっても，現在その変数に代入されているインスタンスがスーパークラスのものかサブクラスのものかによって適用されるメソッドが異なることになります．このように変数とメソッドとの結合関係が動作中に決定されることを**動的結合**と呼びます．

この動的結合はオーバーライドされたメソッドにおける動作であり，サブクラスで追加されたメソッドには適用できません．上の例では，ClassP 型の変数に ClassC 型の変数を代入しましたが，その際に ClassP 型の変数からは ClassP のフィールドしか参照することができません．また同様に，ClassP のメソッドしか呼び出すことができないので注意が必要です．

この例をプログラム 4.5 に示します．3 行目では ClassP のインスタンスを，4 行目では ClassC のインスタンスをつくっています．5 行目で ClassP の変数 oa に ClassC のインスタンスである oc を代入しています．上で述べたようにこの代入は可能です．6 行目で，oa.set(11) を適用したところ，ClassC オブジェクトの ival の値を変えることができました．しかし，7 行目のように，ClassP には存在しない 2 引数の set(10,"ccc") を適用しようとすると，これはコンパイルエラーとなります．なぜなら oa はあくまで ClassP の変数であり，ClassP には 2 引数の set メソッドが定義されていません．しかし実際に oa に代入されているのは ClassC のインスタンスであるため，8 行目のように oa が ClassC のインスタンスであることを明示する（これをキャストするという）と，正しく実行されます．

[プログラム 4.5: ch4/Cast.java]

```
1   class Cast {
2       public static void main(String[] args) {
3           ClassP op=new ClassP(10);
4           ClassC oc=new ClassC(20,"aaa");
5           ClassP oa=oc;
6           oa.set(11); oa.print();
7           //    oa.set(10,"ccc"); //この行はコンパイルエラーとなる．
8           ((ClassC)oa).set(12,"ccc"); oa.print(); //キャストすれば set を実行可
9       }
10  }
```

[実行例]
```
% java Cast
---
ival=11
sval=aaa
---
ival=12
```

```
       sval=ccc
```

最後に，スーパークラスの変数に，サブクラスのオブジェクトを代入する場合について，いままで述べてきたことをまとめます．

親子同士のオブジェクトの変数への代入

- サブクラスのオブジェクトはスーパークラス型の変数に代入できる．
- スーパークラスのオブジェクトは，サブクラス型の変数には代入できない．
- サブクラスのオブジェクトをスーパークラス型の変数に代入したとき，その変数に対して実行できるのはスーパークラスのメソッドのみである．
- 上記でサブクラスのメソッドを実行したいときは，変数に対して明示的なキャストを行う．

サブクラスのインスタンスをスーパークラスの変数に代入（さらにスーパークラスの親も存在すれば，そのクラスの変数にサブクラスのインスタンスも代入できる）する場合，現在どのクラスのインスタンスが代入されているかを知り，その情報を基に処理を変えたい場合があります．これを判定するために instanceof という演算子が用意されています．例をプログラム 4.6 に示します．

[プログラム 4.6: ch4/InstanceofTest.java]
```
1   class InstanceofTest {
2       public static void main(String[] args) {
3           ClassP[] ary=new ClassP[3];
4           ary[0]=new ClassP(10);
5           ary[1]=new ClassC(20,"aaa");
6           ary[2]=ary[1]; //ClassC のインスタンスを代入
7           for(int i=0; i<3; i++) {
8               if(ary[i] instanceof ClassP)
9                   System.out.printf("ary[%d] のインスタンスは ClassP\n",i);
10              if(ary[i] instanceof ClassC)
11                  System.out.printf("ary[%d] のインスタンスは ClassC\n",i);
12          }
13      }
14  }
```

これを実行した結果を下に示します．instanceof 演算子の使用で注意しなければならないのは，スーパークラスを指定しても結果が真となることです．ary[1] と ary[2] は ClassC のインスタンスが代入されていますが，instanceof の結果は ClassP，ClassC 共に真となっています．

[実行例]
```
% java InstanceofTest
ary[0] のインスタンスは ClassP
ary[1] のインスタンスは ClassP
ary[1] のインスタンスは ClassC
ary[2] のインスタンスは ClassP
```

▌ ary[2] のインスタンスは ClassC

4.5 アクセス修飾

　クラスやメソッドに付けられる public, protected, private などを**アクセス修飾**と呼びます．この 3 種類の他，なにも付けない場合もあり，それを無指定（のアクセス修飾）と呼ぶことにします．つまり，Java のアクセス修飾には 4 種類があります．

　いままで述べてきたクラス定義のアクセス修飾は，通常 public が付けられるか，または無指定の 2 種類です．これらはトップレベルのクラスと呼ばれます．ただし，4.7 節で述べる内部クラスには，public と無指定に加えて，protected と private も付けられます．public が付けられていれば他のクラスから，そのクラスへのアクセスが可能であり，無指定であれば，同じパッケージ内（同じフォルダー内のものは，同じパッケージに属す）であれば，アクセス可能であり，パッケージが異なるとこのクラスへはアクセスできません．パッケージについては，6 章で詳しく述べます．しかし，いままで扱ってきたプログラムのように特にパッケージを指定していないクラスは同じパッケージ（無名パッケージと呼ばれる）に属すものと理解してください．

　つぎに，クラス内のフィールドやメソッドには，public, protected, private, および無指定の四つの中からいずれかを指定します．public であれば他のクラスからもアクセスでき，private であればそのクラス内からしかアクセスできません．

　protected は注意が必要です．まず protected の基本は同じクラスまたはそのクラスのサブクラスからアクセス可能であることを表しています．実際には，サブクラスのサブクラス（孫クラス）など，子孫のクラスからのアクセスが可能です．しかし，この他に，同じパッケージ内であればサブクラスでなくてもアクセス可能となります．

　無指定のものは，同じクラスや同じパッケージ内のクラスからのアクセスを許し，他のパッケージのクラスからのアクセスを拒否します．もし，サブクラスであってもパッケージが異なればアクセスすることができません．

　プログラムの保守性を高めるために，ソフトウェア工学的にはできるかぎり厳しいアクセス制限を設定しておくのがよいでしょう．フィールドには private を設定し，他のクラスからの利用を許すメソッドにのみ public を指定することです．

　以上で述べたアクセス修飾子を**表 4.1** にまとめます．ただし，クラスおよびフィールドとメソッド列に付けられている○印はその指定が可能なことを示し，△は内部クラス（後述）の定義にかぎり指定可能であることを示しています．

　一般にクラスのフィールドは，他のクラスからの直接のアクセス（値の代入や参照）を強く制限しておきます．他のクラスから自分のクラスのフィールドの値にアクセスできるようにしておくと，クラスの構造を変更しようとしたとき，その変更が及ぼす範囲を限定することが難しくなるためです．つまり，フィールドは private 修飾子を付けて宣言することが好まれます．一方，他のクラスからフィールドの値へアクセスしたい場合があります．そのと

4.5 アクセス修飾

表 4.1 アクセス修飾子の意味

修飾子	参照範囲	クラス	フィールドとメソッド
private	クラス内のみ	△	○
無指定	＋同じパッケージ内	○	○
protected	＋サブクラス	△	○
public	制限なし	○	○

きのために，値を代入する**セッタ**と，値を読みだす**ゲッタ**というメソッドを public 修飾で用意しておきます．この簡単な例をプログラム 4.7 に示します．

[プログラム 4.7: ch4/Access.java]

```
1   class Access {
2       private int value;
3       public int getValue() { return value;}
4       public void setValue(int value) {
5           this.value=value;
6       }
7   }
```

2 行目の value を private としました．したがって，他のクラスからはこの変数にアクセスできません．そこで値を取り出す（ゲッタ）getValue() と，値を変更する（セッタ）setValue(int value) を public 修飾で用意しました．これでクラスの外からも value にアクセス可能です．一方，クラス Access の構造を変更したとき，外部的な振舞いはまったく同じになるようにセッタとゲッタを修正すれば，このクラスの変更が他のクラスには影響を与えないようにできます．また，セッタの利用により，フィールドに無効な値が代入されるのをチェックすることもできます．

セッタとゲッタはフィールドの名前の前に set と get を付け，キャメルケースに従った名前を付けます．

メソッドのオーバーライドの際に，アクセス修飾で気を付けなければならないことがあります．それは，サブクラスでメソッドをオーバーライドする際に，スーパークラスより限定的なアクセス修飾を付けてはならないという制約です．プログラム 4.8 において，スーパークラス ClassP が 5 行目で print() メソッドを public 修飾を付けて定義しています．一方，そのサブクラスの ClassC では 16 行目で無指定のアクセス修飾でオーバーライドしようとしています．これはスーパークラスでの宣言より限定的なものになっており，上記の制約に違反しています．そこで，コンパイルの際に実行例に示すエラーメッセージが出力されます．一方，15 行目の set(int i,String s) は無指定でもエラーとはなりません．なぜなら 2 引数の set メソッドは，ClassP にはなく，ClassC で初めて定義されたメソッドであるためオーバーライドとは関係がありません．

[プログラム 4.8: ch4/Override.java]

```
1   class ClassP {
2       int ival;
3       ClassP(int i) {ival=i;}
```

```
4        public void set(int i) {ival=i;}
5        public void print() {
6            System.out.printf("ival=%d\n",ival);
7        }
8    }
9    class ClassC extends ClassP {
10       String sval;
11       ClassC(int i,String s) {
12           super(i);
13           sval=s;
14       }
15       void set(int i,String s) {ival=i; sval=s;}
16       void print() {
17           super.print();
18           System.out.printf("sval=%s\n",sval);
19       }
20   }
```

[実行例]
```
% javac Override.java
Override.java:16: ClassC の print() は ClassP の print() をオーバーライドで
きません．スーパークラスでの定義より弱いアクセス特権 (public) を割り当てようとし
ました．
        void print() {
             ^
エラー 1 個
```

4.6 Objectクラス

Javaでは**Object**クラスがすべてのクラスのスーパークラスです．このObjectクラスはすべてのクラスで継承されるため，特に指定しなくてもこの継承は暗黙的に行われます．したがって，単に

```
class A {
}
```
と定義して，classAはスーパークラスをもたないように見えても，実は，
```
class A extends Object{
}
```
を実行していることになります．このObjectクラスは，表**4.2**に示すメソッドをもっています．これらのうちプログラム4.9はtoString, equals, getClassの使用例です．equalsのより詳しい説明とhashCodeについては11章で述べます．さらに，notify, notifyAll, waitについては12章で説明します．実際には，waitメソッドは，引数の個数が異なる3種類のメソッドが存在します．

4.6 Object クラス

表 4.2 Object クラスのメソッド

メソッド	説　　　明
clone()	このオブジェクトのコピーを作成する.
equals(Object o)	このオブジェクトと o が等価であるか判定する.
finalize()	このオブジェクトへの参照がないときガベージコレクタから呼び出される.
getClass()	このオブジェクトの実行時クラスを返す.
hashCode()	このオブジェクトのハッシュコードを返す.
notify()	待機中のスレッドを一つ再開する.
notifyAll()	待機中のすべてのスレッドを再開する.
toString()	オブジェクトの文字表現を返す.
wait()	現在のスレッドを待機させる.

[プログラム 4.9: ch4/Object1.java]

```
1   class A {
2       protected int i;
3       protected String s;
4       public String toString() {
5           return "("+i+") :"+s;
6       }
7       public boolean equals(A obj) {
8           if(this.i==obj.i && this.s.equals(obj.s)) return true;
9           else return false;
10      }
11  }
12  class Object1 {
13      public static void main(String[] args) {
14          A ins=new A(); ins.i=10; ins.s="abcdefg";
15          A cpy=ins;
16          System.out.println(ins.getClass());
17          System.out.println(ins.toString());
18          System.out.println(ins);
19          A oth=new A(); oth.i=10; oth.s="abcdefg";
20          if(ins == cpy)
21              System.out.println("ins と cpy は等しい");
22          else
23              System.out.println("ins と cpy は異なる");
24          if(ins == oth)
25              System.out.println("ins と oth は等しい");
26          else
27              System.out.println("ins と oth は異なる");
28          if(ins.equals(oth))
29              System.out.println("ins と oth は内容が同じ");
30          else
31              System.out.println("ins と oth は内容が異なる");
32      }
33  }
```

[実行例]
```
% java Object1
class A
(10) :abcdefg
(10) :abcdefg
ins と cpy は等しい
ins と oth は異なる
ins と oth は内容が同じ
```

まず，16 行目の ins.getClass() メソッドは，ins に現在関連づけられているオブジェクトが属すクラスを返します．この場合には A というクラスのインスタンスであるので，class A が返されます．toString() メソッドは，オブジェクトの内容を文字列に変換します．このメソッドは，オブジェクトの内容を文字列に変換する際に用いられるものであるため，18 行目のように単に ins を System.out.println で表示出力する場合にも暗黙的に呼び出されます．したがって，17 行目と 18 行目の表示結果は同じになります．この toString をオーバーライドすると，オブジェクトの表示内容をクラスに応じてわかりやすいものに変えることができます．

15 行目で変数 cpy には ins を代入しました．したがって，cpy と ins は同じオブジェクトを指しています．20 行目で==演算子が使われています．基本データ型の場合には左右の値が等しいとき，真値となる演算子でした．しかし，この左右にオブジェクトが置かれているとき，それらが同一のオブジェクトのときのみ真値をとります．つまり，内容は同じでも同一のオブジェクトでなければ偽となります．20 行目の ins と cpy は同一のオブジェクトです（15 行目で ins を cpy に代入しています）．

一方，oth には 19 行目で，ins とまったく同じ内容が入れられています．しかし，oth と ins とはそれぞれ new 演算子でインスタンスが別々につくられていることから，内容は同じですが別のオブジェクトです．これを 24 行目のように==演算子で比較すると，オブジェクト同士は別のものであることがわかります．

二つのオブジェクトの内容が等しいときに真となる判定を行いたいとき，7 行目からのように equals メソッドをオーバーライドします．28 行目では，このメソッドを用いて比較を行い，内容が同じであるという判定を得ています．

4.7 内部クラス

あるクラス A がクラス B の中でしか使われない場合，クラス B の中でクラス A を定義できます．このように，クラスの内部で定義されたクラスを**内部クラス**（inner class）と呼びます．逆に，いままで扱ってきたクラスはトップレベルのクラスと呼ばれます．プログラム 4.10 の連結リストのクラス List では，連結される個々の要素 Cell を用いていますが，ここでは Cell を内部クラスとして定義しています．

[プログラム 4.10: ch4/InnerClassList.java]
```
1    class List {
2        class Cell {
3            int data;
4            Cell next;
5        }
6        Cell head;
7        void add(int x) {
8            Cell p=new Cell();
9            p.data=x; p.next=head; head=p;
10           return;
11       }
12       void print() {
13           Cell p=head;
14           while(p != null) {
15               System.out.println(p.data);
16               p=p.next;
17           }
18       }
19   }
20   class InnerClassList {
21       public static void main(String[] args) {
22           List list=new List();
23           list.head=null;
24           list.add(1); list.add(2); list.add(3);
25           list.print();
26       }
27   }
```

内部クラスは，フィールドやメソッドと同様にクラスを構成する要素であるため，privateやprotectedなどのアクセス修飾子を伴うことができます．その場合のアクセス可能範囲は表4.1のフィールドやメソッド欄と同じです．内部クラスからは，このクラスを内に含むクラス（外部クラス（outer class）と呼ばれる）のフィールドやメソッドなどのメンバーを参照できます．一方，その内部クラスや外部クラス以外のクラスから内部クラスのメンバーにアクセスする際には，メンバーのアクセス修飾子の他，内部クラスに付けられているアクセス修飾子の制限を受けます．例えば，プログラム4.10の26行目に，リストの先頭Cellのdataを表示する目的で，

```
System.out.println("list.head.data="+list.head.data);
```

を追加した場合，このプログラムでは正常にコンパイルされます．一方，2行目の内部クラスCellの宣言や，3行目のdataの宣言にprivateを付けた場合にはコンパイルエラーとなります．逆に，内部クラスのフィールド変数であるdataやnextの宣言にprivateを付けても同じクラス内のメソッド内からはアクセス可能です．つまり，9行目で内部クラスのdataやnextに値を代入していますが，これは問題なく代入が行われます．

ある内部クラスを定義して，そのクラスを一度しか使わない場合があります（例えば，イベントハンドラの定義などでこの状況が発生します．7章でこの実例を扱います）．この場合に，内部クラスの名前を省略することができます．そのようなクラスを**無名内部クラス**と呼びます．例えばスーパークラスのあるメソッドをオーバーライドした新しいクラスを定義する場合などで用いられます．

プログラム 4.10 のように定義された内部クラスは static なメンバーをもてないという制限があります．つまり，内部クラスはクラスフィールドやクラスメソッドを定義できないという制約を受けます．内部クラスは，通常外部クラスのインスタンスが作成され，そのインスタンスの中で利用されることになります．

一方，内部クラスの宣言に static を付けることができ，その場合には static なメンバーをもつことができます．この場合には，外部クラスのインスタンスを作成することなく，内部クラスを利用することが可能となります．ちょうど，static を付けたフィールド値をクラス名指定でアクセス可能であったのと同じです．その内部クラスを利用する場合には，「外部クラス名.内部クラス名.メンバー名」の形で指定します．この例をプログラム 4.11 に示します．

[プログラム 4.11: ch4/StaticInnerClass.java]

```
1    class A {
2        static class B {
3            static int v=0;
4            int i;
5            void print() {System.out.println("i="+i+" v="+v);}
6        }
7    }
8    class StaticInnerClass {
9        public static void main(String[] args) {
10           A.B ins1=new A.B();
11           ins1.v=2;
12           ins1.i=10;
13           ins1.print();
14           A.B ins2=new A.B();
15           ins2.i=20;
16           ins2.print();
17       }
18   }
```

ここでは 10 行目でクラス B を A.B の形で指定しています．コンストラクタを A.B() で呼び出します．

4.8 アノテーション

スーパークラスやインタフェースで定義されているメソッドをオーバーライドするとき，スペルミスや大文字・小文字の間違いなどで，正しくオーバーライドされないことがあります．プログラム 4.12 は，NewClass で，スーパークラスである Object クラスの toString メソッドをオーバーライドしようとしています．しかし，本来 toString() と書かなければならないところをタイプミスで tostring() としてしまいました．つまり，3 文字目の s を小文字にしてしまいました．

[プログラム 4.12: ch4/Annotation.java]

```
1    class NewClass {
2        public String tostring() {
3            return "新しいクラス NewClass の Object";
```

```
 4      }
 5  }
 6  class Annotation {
 7      public static void main(String[] args) {
 8          NewClass c=new NewClass();
 9          System.out.println(c);
10      }
11  }
```

このプログラムのコンパイルはエラーなく実行されます．NewClass が tostring() というメソッドを独自に定義しているものとして扱われます．その結果，9 行目で NewClass のオブジェクト C の内容を表示するときには Object クラスの toString() が呼ばれることになります．下に示す実行結果でも，プログラムで意図した「新しいクラス NewClass の Object」という文字列は表示されず，代わりに Object クラスの toString() の結果が表示されています．

[実行例]
```
% java Annotation
NewClass@2a139a55
```

このようなオーバーライドの誤りは，オーバーライドしようとするメソッドの前に @Override を記述することにより，コンパイル時に発見することができます．つまり，NewClass の例では，

```
class NewClass {
    @Override
    public String tostring() {
        return "新しいクラス NewClass の Object";
    }
}
```

とします．これをコンパイルすると，

[実行例]
```
% javac Annotation.java
Annotation.java:2: エラー: メソッドはスーパータイプのメソッドをオーバーライド
または実装しません
    @Override
    ^
エラー 1 個
```

というエラーメッセージが出力され，スペルミスに気づくことができます．この例で，toString() に正しく直せば，正常にコンパイルされます．この @Override のような記述を**アノテーション**と呼びます．

よく使われるアノテーションの別の例を二つ説明します．まず，@Deprecated アノテーションです．

```
@Deprecated
class OldClass {
    public String toString() {
        return "古いクラス OldClass の Object";
    }
}
```

`@Deprecated` をクラスやメソッドの前に付けると，このクラスを利用しようとするプログラムをコンパイルする際にメッセージが出力されます．例えば，プログラム 4.12 の NewClass を上の OldClass に代えたものをコンパイルすると，つぎの警告メッセージが表示されます．

[実行例]
```
% javac Annotation.java
注意:Annotation.java は非推奨の API を使用またはオーバーライドしています。
注意:詳細は、-Xlint:deprecation オプションを指定して再コンパイルしてください。
```

このアノテーションは，すでに古くなり利用をやめさせようとするクラスやメソッドの前に付け，そのクラスやメソッドの利用を抑制させるために使われるものです．

最後に，`@SuppressWarnings` を説明します．このアノテーションは，いままでのものと逆にコンパイル時のワーニングを抑制するためのものです．Eclipse や NetBeans などの統合開発環境を使ってプログラミングをしていると，多くのワーニングが出力されます．例えば，変数を定義したが使われていない，不要なキャストを行った，などです．このワーニングを抑制するためには，`@SuppressWarnings` というアノテーションを使います．これは，文字列の引数を一つとり，そこに抑制したいワーニングの種類を記述します．例えば，使用されていない変数へのワーニングを抑制するためには，その変数が宣言されているすぐ前に`@SuppressWarnings("unused")` を指定します．また，不要なキャストの場合には，`@SuppressWarnings("cast")` を指定します．ただし，このアノテーションの利用は，特別な意図があり，それを十分に認識しているときに限るべきです．

この他に，5 章で述べる関数型インタフェースでは`@FunctionalInterface` が 8 章では`@FXML` というアノテーションが表れます．

章 末 問 題

【1】 クラスの継承について述べている以下の各文章のうち，誤っているものをすべて選びなさい．

(1) サブクラスでは，スーパークラスのメソッドのうち，アクセス修飾子が `public` か `protected` のものを継承する．`private` のものは継承しない．

(2) サブクラスでスーパークラスのコンストラクタをオーバーライドするとき，スーパークラスのコンストラクタ（例えば，`super()`）はコンストラクタの先頭に書かれなければならない．

(3) サブクラスでスーパークラスのコンストラクタを明に呼ばない場合には，スーパークラ

スのフィールドを継承できない．
- (4) サブクラス型で宣言したオブジェクト変数には，スーパークラスのオブジェクトをキャストせずに代入できる．
- (5) アクセス修飾子 protected が付けられたメソッドは，同じパッケージ内のどのクラスからも呼び出すことができる．
- (6) アクセス修飾子 private が付けられたフィールドを，それが定義されたクラスのサブクラスからは参照できる．
- (7) Object クラスは，extends により明に継承しなくても，すべてのクラスに自動的に継承される．
- (8) あるクラスの内部クラスのメソッドに，他のクラスからはアクセスできない．

【2】クラス P を拡張してクラス C を定義したい．以下の空欄に入る文を示しなさい．

```
class P {}
class C    (a)    {}
```

【3】コンストラクタとはなにか説明しなさい．また，コンストラクタと普通のメソッドの違いを説明しなさい．

【4】クラス Involution を定義し，その中に引数の 3 乗の値を返す<u>クラスメソッド</u>

```
int cube(int i);
```

を定義しなさい．

【5】メソッドのオーバーロードとオーバーライドを説明しなさい．

【6】表 4.3 に示すプログラムを実行したとき，コンパイル時，実行時それぞれでエラーが出力されない場合には，○を，エラーが出力される可能性がある場合は×を該当欄に記入しなさい．ただし，ClassP は ClassC のスーパークラスとする．

表 4.3 問題【7】の表

プログラム	コンパイル時	実行時
ClassC c=new ClassC(); ClassP p=c;		
ClassP p=new ClassP(); ClassC c=p;		
ClassC c=new ClassC(); ClassP p=(ClassP)c;		
ClassP p=new ClassP(); ClassC c=(ClassC)p;		

【7】クラスのアクセス修飾を無指定とした場合に，このクラスを利用できる範囲について説明しなさい．

【8】あるクラスのフィールドの宣言の前に，public が付けられている場合と private が付けられている場合の差異について説明しなさい．

【9】メソッドのアクセス修飾を protected とした場合に，このメソッドを利用できる範囲について説明しなさい．

78　　4. クラスの拡張

【10】 以下に示すプログラム CompileError.java は，SubClass のインスタンスをつくり，値をセットし，その値を印字出力するものである．しかしこのプログラムをコンパイルしたところ，下記のコンパイルエラーが出力された．このプログラムを意図どおりに実行するためには，どの行をどのように修正すればよいか答えなさい．

```java
class SuperClass {
    private int ival;
    private void printVal() {
        System.out.println("ival="+ival);
    }
    private void setVal(int val) {
        this.ival=val;
    }
}
class SubClass extends SuperClass {
    private double dval;
    public void printVal() {
        super.printVal();
        System.out.println("dval="+dval);
    }
    public void setVal(int ival,double dval) {
        super.setVal(ival);
        this.dval=dval;
    }
}
class CompileError {
    public static void main(String[] args) {
        SubClass a=new SubClass();
        a.setVal(10,1.2345);
        a.printVal();
    }
}
```

[実行例]
```
% javac CompileError.java
CompileError.java:13: エラー: printVal() は SuperClass で private アクセスされます
            super.printVal();
                 ^
CompileError.java:17: エラー: setVal(int) は SuperClass で private アクセスされます
            super.setVal(ival);
                 ^
エラー 2 個
```

演　　習

4.1 プログラム 3.11 を参考にして，0〜180° までの範囲の sin と cos の値を 10° おきに表にして出力するプログラムを作成しなさい．

4.2 以下に示すクラス Person を拡張して，身長（height）と体重（weight）のフィールドをもち，かつその下の式で示された肥満度（obesity index）を表す BMI 値を計算するメソッド obesityIndex を追加したクラス HealthPerson を定義し，さらに main 部をつくり実際に数値を代入して結果を得るプログラムを作成しなさい．

```
class Person {
  String name;
  int age;

  Person(String name, int age) {
    this.name=name; this.age=age;
  }
}
```

$$BMI = weight/height^2$$

ただし，weight は〔kg〕で，また height は〔m〕を単位とする数値である．参考までに，ここで求まる BMI 値の判定を表 4.4 に示す．

表 4.4　BMI による肥満度の判定

BMI	判　定
18.5 未満	低体重
18.5 以上　25 未満	普通体重
25 以上　　30 未満	肥満度 1
30 以上　　35 未満	肥満度 2
35 以上　　40 未満	肥満度 3
40 以上	肥満度 4

5 抽象クラスとインタフェース

Java Programming

　Javaでは，クラスに似たものとして，インタフェースと呼ばれるものがあります．前章でクラスの継承について述べましたが，オブジェクト指向プログラミングにおいては，複数のクラスからの継承ができると便利なことがあります．これは多重継承と呼ばれます．Javaの文法では一つのクラスからの継承（拡張）しか許されませんが，ここで述べるインタフェースを用いることにより，多重継承を実現できます．本章では，まず抽象クラスという特殊なクラスについて述べ，つぎにその別な表現としてのインタフェースについて述べます．さらに，インタフェースを用いた多重継承，インタフェースの利用で必要になる総称型，関数型インタフェースで使われるラムダ式などの話題について述べます．

5.1　抽象クラスが必要になる状況

　前章でポリモーフィズムについて述べました．ポリモーフィズムはあるクラスのオブジェクトが，スーパークラスの変数で指し示されているとき，そのスーパークラスの変数に対してメソッドの実行を指示したとき，その変数により実際に指し示されているオブジェクトごとに適したメソッドが適用されるというものでした．しかし，これが行われる条件として，基本となるクラス，およびそのすべてのサブクラスが同じシグネチャの（名前が同じで，かつ同じ型と個数の引数をもつ）メソッドをもつ必要がありました．

　このポリモーフィズムを可能とするためにつぎの例を考えます．いま，さまざまな形状の図形（例えば，点，円，正方形など）をEntityというスーパークラスを拡張して定義する形にしておきます．また，各クラスにはスーパークラス（Entity）で宣言されたメソッドをオーバーライドしておきます．そして，Entityクラスの配列を用意し，その配列にサブクラスのオブジェクトを代入します．このとき，配列の各要素に対してメソッドを適用すると，それぞれのサブクラスでオーバーライドされたメソッドが呼び出されます．これがポリモーフィズムでした．

　プログラム5.1はこれを実現する例です．後にこのプログラムの改良版を示すため，簡単にこのプログラムについて説明します．1行目から5行目までがスーパークラスEntityの定

義です．フィールドはなにもなく，show というメソッドのみが定義されています．しかし，特に show で表示するものはありません．

[プログラム 5.1: ch5/EntityClass.java]

```java
 1   class Entity {
 2       public void show() {
 3           System.out.println("データがない");
 4       }
 5   }
 6   class Circle extends Entity {
 7       int x,y,r;
 8       public Circle(int x,int y,int r) {
 9           this.x=x; this.y=y; this.r=r;
10       }
11       @Override
12       public void show() {
13           System.out.println("x="+x+",y="+y+",r="+r);
14       }
15   }
16   class Square extends Entity {
17       int x,y,d;
18       public Square(int x,int y,int d) {
19           this.x=x; this.y=y; this.d=d;
20       }
21       @Override
22       public void show() {
23           System.out.println("x="+x+",y="+y+",d="+d);
24       }
25   }
26   class EntityClass {
27       public static void main(String[] args) {
28           Entity[] ary=new Entity[4];
29           ary[0]=new Circle(15,10,4);
30           ary[1]=new Circle(20,40,8);
31           ary[2]=new Square(10,10,5);
32           ary[3]=new Square(20,20,10);
33           for(int i=0; i<4; i++) {
34               if(ary[i] instanceof Circle) System.out.print("Circle: ");
35               else if(ary[i] instanceof Square) System.out.print("Square: ");
36               ary[i].show();
37           }
38       }
39   }
```

6 行目から 15 行目では Entity を拡張して Circle を定義しています．円を中心座標 (x,y) と半径 r で表現することを想定しているため，それらがフィールドとして記述されています．また，Circle のコンストラクタが定義され，show メソッドがオーバーライドされています．

16 行目から 25 行目では Entity を拡張して Square を定義しています．正方形を中心座標 (x,y) と一辺の長さ d で表現することを想定しているため，それらがフィールドとして記述されています．さらに，コンストラクタが定義され，show メソッドがオーバーライドされています．

26 行目からが main メソッドを含むクラス EntityClass の定義です．28 行目で Entity 型

の配列 ary を作成し，29 行目から 32 行目で，Circle と Square のオブジェクトを二つずつつくり，ary に代入しています．34 行目では，`ary[i]` のオブジェクトが Circle のインスタンスかどうかを instanceof 演算子で調べ，もしそうであるなら「`Circle:`」と表示します．35 行目では同様に Square のインスタンスかを調べ，そうであるなら「`Square:`」と表示します．36 行目では，`ary[i]` のオブジェクトに対して show メソッドを呼び出しています．

ここに見られるように，クラス Entity にはフィールドがなにも定義されておらず，図形を表示するメソッド show にも記述するものが見当たらないため，無理に「データがない」と表示しています．つまり，クラス Entity 自身は重要な情報を表現しているとは思えません．しかし，ここでスーパークラス Entity の定義を行わないと，28 行目以降のようにさまざまな図形のインスタンスを一つのスーパークラス型の配列で管理することができません[†]．また，ポリモーフィズムを利用するためには，スーパークラスおよびサブクラスすべてに，利用するメソッド（この例では show）が定義されていなければなりません．そこで，スーパークラス Entity にも show をあえて定義していますが，その内容は意味をもつものとはなっていません．

5.2 抽象クラス

前節で述べたような場合，Java では図形の大元になるスーパークラス Entity を**抽象クラス**として定義することができます．下の Entity の定義で 1 行目の先頭に書かれてい abstract class という宣言が抽象クラスであることを示しています．先に見たように，2 行目の show メソッドは図形を表示するものです．このメソッドは，このクラスを拡張した具体的な図形のクラスでは意味をもちますが，Entity では定義することが無意味でした．このような場合，メソッド宣言の先頭に abstract を付けて宣言し，なにもコードを書きません．このように宣言されたメソッドを**抽象メソッド**と呼びます．2 行目に見られるように，abstract メソッドは，そのメソッドで実行するコードをもたないため，ブロック（`{`と`}`で囲まれたコードが記述される部分）をもたず，単に行末にセミコロン（`;`）が置かれています．このように定義された抽象クラスを，プログラム 5.1 の 1 行から 5 行の範囲と置き換えても正常に動作します．

```
abstract class Entity {
    abstract public void show() ;
}
```

この抽象メソッドを用いることにより，先に述べた問題は解決します．つまり，内容に意味をもたないメソッドの内容記述を省略できます．またこのクラスを継承したサブクラスで show() メソッドがオーバーライドされると，そのスーパークラスの参照変数で show() を呼んだとき，変数が指し示している実際の型に応じて適した show() メソッドが呼び出されます．つまり，ポリモーフィズムが可能となります．

一方，抽象クラスはオブジェクトを生成することができません．ただし，抽象クラスにコンストラクタを書くことは可能です．ここで書かれたコンストラクタを直接呼び出すことは

[†] この目的ですべてのクラスのスーパークラスである Object クラスの配列を用いることはできません．

できませんが，拡張したクラスのコンストラクタ内で（super 呼び出しで）利用できます．

抽象クラスを拡張したサブクラスにおいて，abstract 修飾子が付けられて宣言されているメソッドがオーバーライドされない場合，クラスの定義がまだ完成していないのでコンパイル時にエラーが表示されます．つまり，抽象クラスを拡張して通常のクラスを定義する際には，すべての抽象メソッドがオーバーライドされなければなりません．しかし，抽象クラスからさらに抽象クラスのサブクラスを拡張することはできます．その場合には，拡張されたクラスでも abstract 宣言を行わなければなりません．そして，子孫のクラスにおいて，必ず通常のメソッドとしてオーバーライドされなければなりません．

上で述べた，抽象メソッドはサブクラスにおいて必ずオーバーライドされなければならないという制約は，つぎのような状況において有益です．先の図形のクラスにおいて，スーパークラス Entity を拡張してさまざまな図形に対応するクラスをつくるものとします．ここで，図形であれば必ず備えなければならないメソッドを抽象メソッドとして定義しておきます．もし，ある図形のクラスでその抽象メソッドがオーバーライドされずに，そのクラスのインスタンスを new しようとするとコンパイルエラーが表示されます．つまり，不十分な実装をコンパイル時に知ることができ，クラスライブラリーの完全性を高めることができます．

抽象クラスのまとめ

- 抽象クラスは `abstract class` という修飾子で宣言される．
- 抽象クラスには抽象メソッドと普通のメソッドを定義できる．
- 抽象メソッドの宣言では，`abstract` 修飾子を定義の前に置き，メソッドのプログラム部（実装部分）を記述しない．
- 抽象メソッドはサブクラス（またはその子孫のクラス）において必ずオーバーライドにより実装されなければならない．
- 抽象クラスもコンストラクタを定義できる．しかし，抽象クラスはインスタンスをつくることができない．

先の抽象クラス Entity の例では，抽象メソッド show しかもちませんでしたが，必要であれば通常のメソッドやフィールドを記述することができます．abstract 修飾子が付けられていない通常のメソッドが抽象クラスで定義されている場合に，必要がなければサブクラスにおいてそれをオーバーライドしなくてもかまいません．

5.3 インタフェース

Java には，抽象クラスと似た構造として**インタフェース**があります．インタフェースは，抽象クラスからすべてのインスタンス変数と（基本的に）メソッドの実装部分を除いた形をしています．インタフェースにはこのような抽象クラス（完全抽象クラスとでも呼ぶべきもの）を定義する他に，**多重継承**を実現する機能があります．

Java では，複数のクラスを拡張したサブクラスを定義することができません．例えば，以

下の例のように二つのスーパークラスを拡張したサブクラスを定義しようとすると，コンパイルエラーとなります．

```
class ChildClass extends SuperClass1, SuperClass2 {
}
```

一方，実際のプログラミングでは複数のクラスを継承したクラスを定義したいことがあります．インタフェースは抽象クラスとしての性質に併せて，この多重継承を実現する目的でもよく用いられます．

インタフェースは完全抽象クラスに以下の制約を追加したものと考えられます．

- すべてのフィールドは，クラスフィールドとなり，かつ定数である．つまり，インスタンスフィールドをもたない．
- すべてのメソッドは型の定義のみであり，実行するコードをもたない．ただし，default というキーワードが付いたデフォルトメソッドと static メソッドは，実装部分も定義できる．
- すべてのフィールドとメソッドは public である．
- コンストラクタをもたない．

default メソッドと static メソッドの実装は Java8 から追加された機能です．

この制約を満たす完全抽象クラスの簡単な例をつぎに示します．

```
abstract class Abc {
  public static final int a=5;
  abstract public void show();
}
```

つまり，このクラスは整数型のクラスフィールド a をもちますが，final 修飾子が付けられているため，この a は定数となります．また，メソッド show() をもちますが，名前と型（シグネチャ）の定義のみであり，実装部分は記述されていません．

この抽象クラスをインタフェースとして記述するとつぎのようになります．

```
interface Abc {
  int a=5;
  void show();
}
```

抽象クラスとしての定義と比較すると，定義自身が簡潔になっています．フィールドの定義からは，`public static final` という修飾子がすべて省略され，メソッドの定義からも `abstract public` 修飾子が除かれています．これは，インタフェースには上で述べた制約があり，その制約が守られているとき，これらの修飾子は制約条件にすべて含まれているためです．

このインタフェースを継承したサブクラスの定義はつぎのように記述します．

```
class SubClass implements Abc {}
```

クラスの継承では `extends` と書きましたが，インタフェースの継承では `implements` と書きます．Java ではインタフェースを継承することを，インタフェースの実装と呼びます．

5.3 インタフェース

冒頭で述べたように，インタフェースは多重継承を実現します．いま，ClassParent を拡張し，かつインタフェース Abc を実装した ClassChild を定義する場合には，

    `class ClassChild extends ClassParent implements Abc {}`

と定義します．また，複数のインタフェースを同時に実装するクラスを定義することもでき，その場合にはカンマで区切って実装するインタフェースを並べます．

    `class ClassChild extends ClassParent implements Abc,Def {}`

プログラム 5.2 は，プログラム 5.1 と同じ内容をインタフェースを用いて記述したものです．両者の差はわずかです．Circle と Square の二つのクラスを定義する際に，`implements Entity` と宣言されている他は，先の抽象クラスの例とほぼ同じです．

[プログラム 5.2: ch5/EntityInterface.java]

```
1   interface Entity {
2       void show();
3   }
4   class Circle implements Entity {
5       int x,y,r;
6       public Circle(int x,int y,int r) {
7           this.x=x; this.y=y; this.r=r;
8       }
9       @Override
10      public void show() {
11          System.out.println("x="+x+",y="+y+",r="+r);
12      }
13  }
14  class Square implements Entity {
15      int x,y,d;
16      public Square(int x,int y,int d) {
17          this.x=x; this.y=y; this.d=d;
18      }
19      @Override
20      public void show() {
21          System.out.println("x="+x+",y="+y+",d="+d);
22      }
23  }
24  class EntityInterface {
25      public static void main(String[] args) {
26          Entity[] ary=new Entity[4];
27          ary[0]=new Circle(15,10,4);
28          ary[1]=new Circle(20,40,8);
29          ary[2]=new Square(10,10,5);
30          ary[3]=new Square(20,20,10);
31          for(int i=0; i<4; i++) {
32              if(ary[i] instanceof Entity) System.out.print("Entity: ");
33              if(ary[i] instanceof Circle) System.out.print("Circle: ");
34              else if(ary[i] instanceof Square) System.out.print("Square: ");
35              ary[i].show();
36          }
37      }
38  }
```

86   5. 抽象クラスとインタフェース

[実行例]
```
% java EntityInterface
Entity: Circle: x=15,y=10,r=4
Entity: Circle: x=20,y=40,r=8
Entity: Square: x=10,y=10,d=5
Entity: Square: x=20,y=20,d=10
```

プログラム 5.2 の 1 行目で，Entity はインタフェースとして定義されています．また，26 行目で配列 ary[] を Entity 型の配列として定義しています．その配列の要素に Circle クラスと Square クラスのインスタンスを代入しています．このように，インタフェース型の変数（インタフェース名を型指定に用いた変数）や配列を定義することができます．スーパークラスの変数と同様に，インタフェース型変数には，そのインタフェースを実装したクラスを代入することができます．32 行目では，ary[i] に代入されているオブジェクトが Entity インタフェースを実装しているか調べています．実行結果に見られるように，この if 文の条件は真となります．つまり，インタフェースがあるクラスに実装されているかの確認は instanceof 演算子で行えます．

プログラム 5.3 には，二つのメソッドをもつインタフェースを実装したクラスで片方のメソッドをオーバーライドしない例を示しています．

[プログラム 5.3: ch5/NotOverrideMethod.java]

```
1   interface TwoMethods {
2       void disp();
3       void setValue(int i);
4   }
5   class NotOverrideMethod implements TwoMethods {
6       int value;
7       @Override
8       public void setValue(int i) {
9           value=i;
10      }
11  }
```

このプログラムをコンパイルすると，以下のエラーが出力されます．すなわち，インタフェースを実装するクラスでは，インタフェースに定義されているすべてのメソッドが実装されなければなりません．

[実行例]
```
% javac NotOverrideMethod.java
NotOverrideMethod.java:6: NotOverrideMethod は abstract でなく、
TwoMethods 内の abstract メソッド disp() をオーバーライドしません。
class NotOverrideMethod implements TwoMethods {
      ^
エラー 1 個
```

先に，インタフェースのメソッドは，すべて abstract public 修飾子が付けられている

のと同等であることを述べました．したがって，つぎのプログラム 5.4 をコンパイルすると，実行例に示すコンパイルエラーが出力されます．

[プログラム 5.4: ch5/DropPublicModifier.java]

```
1   interface PublicMethod {
2       void disp();
3   }
4   class DropPublicModifier implements PublicMethod {
5       @Override
6       void disp() {
7           System.out.println("disp called");
8       }
9   }
```

[実行例]
```
% javac DropPublicModifier.java
DropPublicModifier.java:6: DropPublicModifier の disp() は PublicMethod
 の disp() を実装できません。スーパークラスでの定義（public）より弱いアクセス特
権を割り当てようとしました。
    void disp() {
         ^
エラー 1 個
```

　この原因は，DropPublicModifier クラスで disp メソッドを記述する際に，アクセス制限の修飾子が無指定になっていることによります．つまり，インタフェースで定義されるメソッドはすべて public ですが，無指定のアクセス修飾は public よりもアクセス範囲が限定的であるためです（表 4.1 参照）．これは 4.5 節で述べたように，メソッドのオーバーライド時の基本的な要請です．このプログラムは，6 行目を public void disp() {に変えることによりコンパイルできます．

　インタフェースにもクラスにおける継承関係のように，親インタフェースの定義を受け継ぐ形で子インタフェースを定義することができます．インタフェースを拡張する際にも extends を用います．例えば，つぎのように行います．

```
interface A {
  int val=10;
  void disp();
}
interface B extends A {
  void print();
}
```

　一つのインタフェースは多くのクラスに実装される可能性があります．もし，インタフェースを修正してメソッドの追加を行うと，そのインタフェースを実装しているすべてのクラスで追加されたメソッドを実装しなければならなくなります．このように，インタフェースの

修正は広い範囲にわたり影響を及ぼします．そこで，メソッドを追加する変更を行いたい場合には，元のインタフェースの修正は行わず，メソッドが追加された別の名前をもつインタフェースを拡張により新たに定義することが推奨されます．

最後に，default メソッドと static メソッドについて述べます．プログラム 5.5 では，インタフェース VarietyOut に 3 種類のメソッドが定義されています．最初のメソッド print は static メソッドです．つぎに disp メソッドは default メソッドです．最後の output は宣言のみのメソッドです．

[プログラム 5.5: ch5/VarietyOutSample.java]
```
1   interface VarietyOut {
2       static void print(String msg) {
3           System.out.println("print:"+msg);
4       }
5       default void disp(String msg) {
6           System.out.println("disp:"+msg);
7       }
8       void output(String msg);
9   }
10
11  class VOCA implements VarietyOut {
12      public void output(String msg) {
13          System.out.println("outputA:"+msg);
14      }
15  }
16
17  class VOCB implements VarietyOut {
18      public void output(String msg) {
19          System.out.println("outputB:"+msg.toUpperCase());
20      }
21      public void disp(String msg) {
22          StringBuffer sb=new StringBuffer(msg);
23          System.out.println("dispB:"+sb.reverse());
24      }
25  }
26
27  class VarietyOutSample {
28      public static void main(String[] args) {
29          VOCA voca=new VOCA();
30          VOCB vocb=new VOCB();
31          VarietyOut.print("あいう");
32          voca.disp("123");
33          voca.output("abc");
34          vocb.disp("123");
35          vocb.output("abc");
36      }
37  }
```

つぎに，このインタフェースを実装した二つのクラスが定義されています．まず，VOCA ではオーバーライドすることが要求されている output を定義しています．しかし，default メソッドの disp はオーバーライドされていません．この場合には，インタフェースで定義された disp がそのまま使われます．

一方の VOCB では，output と disp の両方をオーバーライドしています．まず，output

では引数で渡された文字列をすべて大文字に変換して出力します．また，disp では文字列を反転させて出力しています．ここで用いているクラス，StringBuffer は String クラスに似たクラスですが，文字列の編集機能が豊富であり，かつ編集により新しい文字列はつくらない，メモリ効率のよいクラスです．

この実行例を，以下に示します．

[実行例]
```
% java VarietyOutSample
print:あいう
disp:123
outputA:abc
dispB:321
outputB:ABC
```

---インタフェースのまとめ---

- すべてのフィールドは定数であり，クラスフィールドである．
- コンストラクタを定義できない．
- インタフェースを拡張して他のインタフェースを定義するときは，`extends` と記し，インタフェースを実装したクラスを定義するときは，`implements` と記す．
- インタフェースに定義されているメソッドは default メソッドと static メソッドを除いてすべてクラス内でオーバーライドされなければならない．もしオーバーライドされず，default のメソッドが存在すれば，そのメソッドが継承される．
- インタフェース型の変数を定義できる．その変数には，このインタフェースが実装されているクラスのオブジェクトを代入できる．
- あるクラスのオブジェクトにインタフェースが実装されていることは，instanceof 演算子を用いて確認できる．

クラスを定義する際に，複数のインタフェースを実装できます．ここで，つぎの問題が生じます．もし，同じ名前で，引数の型も数もまったく同じメソッドを含む二つのインタフェースを実装するとどうなるのでしょうか？この場合には，コンパイルエラーも実行時エラーも出ることなく，プログラムは動きます．しかし，実装すべきメソッドは二つのインタフェースで動作が異なるものかもしれません．複数のインタフェースを実装する際には注意が必要です．

一方，インタフェースのフィールドに，名前が同じものが含まれている場合には，曖昧さが生じるため，コンパイルエラーとなります．

5.4 final 修飾子による拡張の制限

フィールドの宣言に **final** 修飾子を付けると，そのフィールドは定数になることを述べました．この final 修飾子はメソッドやクラスにも付けることができます．つぎの例に示すように，メソッドの定義において final 修飾子を付けると，そのメソッドはサブクラスにおいてオーバーライドすることができないことを示します．クラス A でメソッド print() には final 修飾子が付けられているため，クラス A を拡張してクラス B を定義し，その中で print() をオーバーライドしようとするとコンパイルエラーになります．

```
class A {
  final void print() {・・・・}
}
class B extends A {
  void print() {・・・・} //この行はコンパイルエラーとなる．
}
```

一方，クラス定義に final 修飾子が付けられている場合，そのクラスを拡張して子クラスを定義することができないことを意味します．以下の例で，クラス A に final 修飾子が付けられているため，これを拡張して新しいクラス B を定義しようとすると，コンパイルエラーとなります．

```
final class A {
  ・・・・・・
}
class B extends A {
//クラス A は final 修飾子が付けられているため拡張できない．
}
```

5.5 総 称 型

機能的には同じで，扱うデータの型のみが異なるクラスを設計しなければならないことがあります．例えば，フィールドとして，int 型，double 型，String 型，のいずれかをもつが，そのクラスの振舞いは同じ場合です．この場合に，各クラスがもつフィールドの型が異なるため，3 種類のクラスをつくらなければなりません．しかしそのようにしてしまうと，後にそのクラスに変更を加える必要が生じたとき，三つのクラスを変更しなければならないかもしれません．プログラムの保守性の観点から問題を生じます．3.9 節ですべての基本データ型には，おのおのに対応するラッパークラスがあることを述べました．それを用いることにより，基本データ型もクラスオブジェクトとして扱うことができます．

上で述べた問題を解決するために，Java では **Generics**（総称型）という機能があります．

プログラム 5.6 で示す SomeClass ではこの総称型を用いています。SomeClass の 2 行目に T data と書かれています。data はフィールドですが、そのデータ型は int (Integer)、double (Double)、String のうち、いずれかが入るものとします。その際に、型自体を変数のように扱います。1 行目でクラス名の後ろに付けられている<T>が、メソッドを定義する際の仮引数のような役割を果たします。これは型引数（type argument）と呼ばれます。この型引数に指定できるのはクラス名です。したがって、基本データ型はすべてそれぞれのラッパークラスで指定する必要があります。例えば、SomeClass<Integer>と指定すれば、T が Integer に対応づけられ、このクラス定義の中の T と書かれた仮型引数部分がすべて Integer に置き換わります。

まず Generic クラスの簡単な例を以下のプログラム 5.6 に示します。

[プログラム 5.6: ch5/GenericSample.java]
```
1    class SomeClass<T> {
2        T data;
3        public SomeClass(T d) {
4            data=d;
5        }
6        public void print() {
7            System.out.println("Data="+data);
8        }
9    }
10   class GenericSample {
11       public static void main(String[] args) {
12           SomeClass<Integer> idata=new SomeClass<Integer>(10);
13           SomeClass<Double> ddata=new SomeClass<Double>(20.0);
14           SomeClass<String> sdata=new SomeClass<String>("Japan");
15           idata.print();
16           ddata.print();
17           sdata.print();
18       }
19   }
```

実行結果はつぎのようになります。

[実行例]
```
% java GenericsSample
Data=10
Data=20.0
Data=Japan
```

1 行目から 9 行目までで、SomeClass というクラスを定義していますが、このクラスの名前の後ろに仮型引数<T>が付いています。このクラスを利用するときに、T の位置に具体的なクラス Integer、String などを指定して使います。2 行目は、T 型のフィールド data を定義しています。3 行目のコンストラクタの引数の型も T になっています。このように、Generics 型ではクラス定義において、型を変数のように指定して定義します。型の名前は T である必要はなく、任意の文字列で指定できますが、定義の際には、T や E など 1 文字がよく用いられます。

12 行目では，そのクラスを利用するときに実型引数として Integer クラスを指定しています．これにより，data の型は Integer になります．また，SomeClass のコンストラクタの引数の型も Integer になります．同様に，13 行目では T は Double 型に，14 行目では String 型になります．ここで，12 行目から 14 行目までの記述をみると，同じ型の名前が 2 箇所ずつ表れて冗長な気がします．実は，後ろの型引数は省略して，つぎのように記述できます．ここで右辺に現れる演算子 <> はダイアモンド演算子と呼ばれることがあります．

```
SomeClass<Integer> idata=new SomeClass<>(10);
SomeClass<Double> ddata=new SomeClass<>(20,0);
SomeClass<String> sdata=SomeClass<>("Japan");
```

総称型を用いない場合には，3 種類のクラスを定義する必要がありますが，クラス定義の際にデータの型を総称型とすることにより，保守性と汎用性に優れたクラスを設計できます．また，総称型は Interface の定義でも用いることができます．

5.6 総称型クラスの限定適用

総称型を用いて定義したクラスやインタフェースを利用する際に，型引数として指定可能な型に制限を付けたい場合があります．プログラム 5.7 では GenClass を定義していますが，このクラスが意図している対象は文字列であり，文字列の長さを length() メソッドで得ようとしています．文字列はいままで String 型で扱ってきましたが，このクラスはよりプリミティブな CharSequence クラスを継承しています．そこに文字列の長さを返すメソッド length() が定義されています．プログラム 5.7 の GenClass では，総称型の仮引数 T にどのような型が代入されてもよいわけではなく，length() メソッドをもつ CharSequence，またはそれを拡張したクラスに限定したいと考えます．この場合には，1 行目に示すように

```
<T extends CharSequence>
```

を付けて，T に引数として入れることができる型を限定します．

[プログラム 5.7: ch5/BoundedGeneric.java]

```
1   class GenClass<T extends CharSequence> {
2       T val;
3       GenClass(T val) {
4           this.val=val;
5       }
6       public int length() {
7           return val.length();
8       }
9   }
10
11  class BoundedGeneric {
12      public static void main(String[] args) {
13          GenClass<String> gs=new GenClass<>("abc");
14          System.out.println("length="+gs.length());
15          StringBuffer sb=new StringBuffer("def");
16          GenClass<StringBuffer> gss=new GenClass<>(sb);
17          System.out.println("length="+gss.length());
```

5.6 総称型クラスの限定適用

```
18     //        GenClass<Integer> gi=new GenClass<>(10);
19      }
20  }
```

プログラム 5.7 で使用している String（13 行目），StringBuffer（16 行目）共に CharSequence のサブクラスです．一方，コメントとしている 18 行目では，型引数に Integer 型を指定しています．これは CharSequence のサブクラスではありません．したがって，このコメントを外すとつぎのエラーが出力されます．

[実行例]
```
% javac BoundedGeneric.java
BoundedGeneric.java:16: エラー: 型引数 Integer は型変数 T の境界内にありません
        GenClass<Integer> gi=new GenClass<>(10);
                 ^
  T が型変数の場合:
    クラス GenClass で宣言されている T は CharSequence を拡張します
BoundedGeneric.java:16: エラー: GenClass<>の型引数を推論できません
        GenClass<Integer> gi=new GenClass<>(10);
                                 ^
  理由: 推論型が上限に適合しません
    推論: Integer
    上限: CharSequence
エラー 2 個
```

総称型の限定適用をメソッドにも使うことができます．プログラム 5.8 は引数で与えた二つのオブジェクトのうち，小さい側のオブジェクトを返す static メソッド minObj を定義しています．まず，メソッドで総称型を使う場合には，

　　　static <T> T minObj(T o1,T o2) {}

における<T>のように，総称型の定義をメソッドの戻り型（ここでは T）の前に付けます．さらにメソッドの引数にも総称型の引数を指定しています．

[プログラム 5.8: ch5/GenericMethod.java]
```
1   class GenericMethod {
2       static <T extends Comparable<T>> T minObj(T o1,T o2) {
3           return o1.compareTo(o2) < 0 ? o1 : o2;
4       }
5       public static void main(String[] args) {
6           String sa="abc";
7           String sb="def";
8           System.out.println("min: "+minObj(sa,sb));
9       }
10  }
```

このメソッドの中では，3 行目のように compareTo メソッドで引数で与えられる二つのオブジェクトの大小比較を行い，小さいほうを返しています．compareTo が定義されているのは，Comparable<T>インタフェースを実装しているクラスです．つまり，このメソッドは引

数に与えられるオブジェクトが Comparable<T> を実装している必要があります．そこで，総称型を Comparable が実装されている型を拡張したクラスに限定しています．それが

　　　　<T extends Comparable<T>>

の部分です．

　総称型で定義されたクラスを利用する場合に再び戻ります．プログラム 5.7 では String 型と StringBuffer 型で，それぞれ独自の変数（gs と gss）を宣言しましたが，これを一つの変数で代用する場合，または配列を用いる場合にどのような定義にしたらよいでしょうか？一つは共通するスーパークラス型の変数で定義することです．もう一つは，

　　　　GenClass <? extends CharSequence> g;

と表現することもできます．また，この表現は型をパラメータとして渡す必要がないメソッドの仮引数の定義にも用いられます．

5.7　匿 名 ク ラ ス

　まず，有益なクラス Arrays について説明します．Arrays クラスは配列のソーティングや 2 分探索法による検索などが行える便利なクラスです．Arrays については 11 章で詳しく説明します．このクラスを利用したソーティングの例をプログラム 5.9 に示します．Arrays のスタティックメソッド sort を用いることにより，引数で与えられた配列をソーティングします．14 行目の Arrays.sort(ary) がその部分です．

[プログラム 5.9: ch5/ArraysSample.java]
```
1   import java.util.Arrays;
2
3   class ArraysSample {
4       static void printAry(int[] ary) {
5           for(int i=0; i<ary.length; i++)
6               System.out.printf("%3d",ary[i]);
7           System.out.println();
8       }
9
10      public static void main(String[] args) {
11          int[] ary={8,4,7,2,5,1};
12          System.out.println("Before Sort");
13          printAry(ary);
14          Arrays.sort(ary);
15          System.out.println("After Sort");
16          printAry(ary);
17      }
18  }
```

[実行例]
```
% java ArraysSample
Before Sort
  8  4  7  2  5  1
After Sort
  1  2  4  5  7  8
```

この例では，配列の要素は int 型ですが，任意のオブジェクトの配列を渡すことができます．しかし，ソーティングを行うためには，オブジェクト間の大小比較を行う方法を Arrays クラスに教える必要があります．int 型のような基本データ型では順序は自明です．しかし，一般のクラスではオブジェクト間の大小関係を定義する必要があります．これを実現する方式はいくつかありますが，ここでは Comparator というインタフェースを実装したクラスを用いる方法を説明します．

プログラム 5.10 では，Person というクラスを定義しています．また，main メソッドでは Person 型のオブジェクトを四つつくり，それを Person 型の配列 ary に入れています．つぎにこの配列をソーティングしたいわけですが，この Person 型のオブジェクトをどのようにソーティングしたらよいか Arrays クラスはわかりません．

[プログラム 5.10: ch5/SortByComparator.java]

```
1    import java.util.Comparator;
2    import java.util.Arrays;
3
4    class Person {
5        String name;
6        String yomi;
7        int age;
8
9        Person(String name,String yomi,int age) {
10           this.name=name;
11           this.yomi=yomi;
12           this.age=age;
13       }
14   }
15
16   class PersonComparator implements Comparator<Person> {
17       public int compare(Person a,Person b) {
18           return a.yomi.compareTo(b.yomi);
19       }
20   }
21
22   class SortByComparator {
23       public static void main(String[] args) {
24           Person[] ary=new Person[4];
25           ary[0]=new Person("山田　花子","やまだ　はなこ",20);
26           ary[1]=new Person("鈴木　一郎","すずき　いちろう",21);
27           ary[2]=new Person("藤原　晋","ふじわら　すすむ",20);
28           ary[3]=new Person("源氏　陽子","げんじ　ようこ",22);
29           Comparator<Person> comp=new PersonComparator();
30           Arrays.sort(ary,comp);
31           for(int i=0; i<ary.length; i++)
32               System.out.printf("%s\t %2d\n",ary[i].name,ary[i].age);
33       }
34   }
```

16 行目から 20 行目までのクラスが Person 型のオブジェクトの大小比較をするクラスで，一般にコンパレータと呼ばれます．コンパレータは Comparator<T> というインタフェースを実装します．このインタフェースは public int compare(a,b) というメソッドの実装を要求します．このメソッドは，二つの引数間で，$a < b$ のとき負の整数を，$a > b$ のとき正

の整数を，$a=b$ のとき 0 を，それぞれ返す関数です．

ついでに，これと動作の似た，compareTo というメソッドについても説明しておきましょう．このメソッドは，Comparable というインタフェースが実装されているクラスに備わっているメソッドであり，String クラスにもこのインタフェースが実装されています．二つのオブジェクト a と b に対して，a.compareTo(b) が実行されたとき，$a<b$ であれば負の整数が，$a>b$ であれば正の整数が，$a=b$ であれば 0 が返されます．つまり，返される値は，compare(a,b) に一致します．

以上のことから，18 行目では二つの Person オブジェクトの yomi を String 型の compareTo メソッドで比較した値を返しています．

[実行例]
```
% java SortByComparator
源氏　陽子      22
鈴木　一郎      21
藤原　晋        20
山田　花子      20
```

この実行結果では，yomi の値で辞書的順番でソートされて出力されています．

さて，プログラム 5.10 では，PersonComparator が定義されていますが，このクラスが使われるのは 30 行目の 1 箇所だけです．それにもかかわらず，独立したクラスとして定義しておくと，実際に利用する部分と定義部分が離れることから，可読性が落ちたり，修正しようとする場合にその修正が複数のソースファイルに分かれるなどの不都合が生じます．

このような場合に，**匿名クラス**（anonymous classes，無名クラス，無名内部クラスとも呼ばれる）を用いることができます．プログラム 5.10 を匿名クラスを用いて書き換えたものをプログラム 5.11 に示します．このプログラムにはクラス Person の定義がありませんが，プログラム 5.10 と同じフォルダで実行すれば，Person.class がそこにできており，問題なく実行されるはずです．なお，そのフォルダには PersonComparator.class も存在しますが，このクラスは不要です（使われません）．

[プログラム 5.11: ch5/AnonymousClass.java]
```
1   import java.util.Comparator;
2   import java.util.Arrays;
3
4   class AnonymousClass {
5       public static void main(String[] args) {
6           Person[] ary=new Person[4];
7           ary[0]=new Person("山田　花子","やまだ　はなこ",20);
8           ary[1]=new Person("鈴木　一郎","すずき　いちろう",21);
9           ary[2]=new Person("藤原　晋","ふじわら　すすむ",20);
10          ary[3]=new Person("源氏　陽子","げんじ　ようこ",22);
11          Arrays.sort(ary,new Comparator<Person>() {
12                  public int compare(Person a,Person b) {
13                      return a.yomi.compareTo(b.yomi);
14                  }
15              });
16          for(int i=0; i<ary.length; i++)
```

```
17          System.out.printf("%s\t %2d\n",ary[i].name,ary[i].age);
18       }
19  }
```

　11 行目から 15 行目までが，匿名クラスに関した部分です．先のプログラムではコンパレータを comp に入れた後，Arrays.sort にそれを渡していましたが，ここでは Arrays.sort の第2引数に直接渡しています．この第2引数の記述は 11 行目の new から始まり，15 行目の } までです．引数を指定する部分でクラス定義まで行っているため，コードが若干複雑になっています．また，先の例では PersonComparator というクラスのコンストラクタを new していましたが，ここではインタフェース名である Comparator をクラス名のように（さらにはコンストラクタのように）用いて new しています．

　これは，匿名クラスには名前がないので，クラス名を使って new することができないためです．つまり，匿名クラスでは，親クラスがあれば親クラス名で，もし継承するのがインタフェースのみであればそのインタフェース名で new します．これが，通常のクラスとの大きな違いです．

5.8　Lambda（ラムダ）式

　前節で述べた匿名クラスにより，一度しか利用しないクラスを，使う場所で定義することができました．しかし，この匿名クラスでは記述が若干複雑なものになりました．そこで，ある条件を満たす場合には，**Lambda 式**という記法を用いることにより，より定義を簡単なものにすることができます．まず，先の例を Lambda 式を用いて書き換えたものをプログラム 5.12 に示します．

[プログラム 5.12: ch5/LambdaSample.java]

```
1   import java.util.Comparator;
2   import java.util.Arrays;
3
4   class LambdaSample {
5       public static void main(String... args) {
6          Person[] ary=new Person[4];
7          ary[0]=new Person("山田　花子","やまだ　はなこ",20);
8          ary[1]=new Person("鈴木　一郎","すずき　いちろう",21);
9          ary[2]=new Person("藤原　晋","ふじわら　すすむ",20);
10         ary[3]=new Person("源氏　陽子","げんじ　ようこ",22);
11         Arrays.sort(ary,
12                  (a,b) -> a.yomi.compareTo(b.yomi)
13                  );
14         for(int i=0; i<ary.length; i++)
15             System.out.printf("%s\t %2d\n",ary[i].name,ary[i].age);
16      }
17  }
```

　この例では，Comparator を指定する部分が，

```
(a,b) -> a.yomi.compareTo(b.yomi)
```

に代わり，単純になりました．この部分が Lambda 式です．

まず，例を示しましたが，Lambda 式とは，関数型インタフェース（functional interface）というものの場合に匿名クラスに代えて使える簡略表現です．関数型インタフェースとは，実装すべき抽象メソッドをただ一つもつインタフェースです．ただし，static メソッドやデフォルトメソッドは含まれていてもかまいません．例に上げた Comparator インタフェースは，実装する抽象メソッドとして compare のみをもつ関数型インタフェースです．この他に，7 章以降で扱う GUI プログラムではイベントハンドラと呼ばれるものに関数型インタフェースが多く使われます．

上では，一気に単純化した結論を示しましたが，つぎにこのような表現に変わる過程を段階的に示します．Arrays.sort メソッドはシグネチャの異なる多数がオーバーロードされていますが，2 引数のメソッドは，

```
    public static <T> void sort(T[] a, Comparator<? super T> c)
```
のただ一つです．したがって，コンパイラは sort の第 2 引数に Comparator が置かれることを知っています．さらに，Comparator は関数型インタフェースであり，実装すべきメソッドは compare(T a, T b) のただ一つです．すなわち，ここに置かれるべきメソッドを特定することができます．したがって，メソッド名を省略することができます．

Lambda 式は，上述の事情からメソッド名を省略して，つぎの書式で記述します．

　　　(引数 1, 引数 2, ..., 引数 n) -> {処理の本体}

したがって，sort の第 2 引数に書かれる Lambda 式はつぎのようになります．

```
    Array.sort(ary,
      (Person a, Person b) -> {
        return a.yomi.compareTo(b.yomi);
      });
```

Lambda 式では，文脈から判断できる場合には，引数の型も省略できます．この例の場合，ary の要素の型は Person 型であることは明らかなため省略可能です．また，処理の式が一つの場合には，ブロックの括弧（{ と }）を省略できます．さらに，処理の式が一つの場合には，戻り値の有無にかかわらず，return 文も省略することができます．結果的に，プログラム 5.12 のような簡潔な表現式になりました．

Lambda 式の別の例は，後の章で示します．

章 末 問 題

【1】 以下の記述のうち，誤っているものをすべて選びなさい．
  (1) 抽象クラスを拡張するとき，抽象メソッドが一つでも含まれていればクラスの宣言に `abstract` 修飾子を付けなければならない．
  (2) 抽象クラスの宣言では，フィールドはすべてクラスフィールドとなり，かつ定数で初期化されていなければならない．
  (3) 抽象クラスは，クラスメソッドを定義できる．
  (4) 抽象クラスは，コンストラクタを定義できない．
  (5) クラスを定義する際に，複数のインタフェースを実装することができる．
  (6) インタフェース型の変数には，そのインタフェースを実装したクラスオブジェクトしか代入できない．
  (7) インタフェースのメソッドは，暗黙で `public` 修飾子をもち，異なるパッケージのクラスから利用できる．
  (8) インタフェースを基に，サブインタフェースを定義する際には，クラスと同じ extends を用いる．

【2】 クラスとインタフェースとの違いを説明しなさい．

【3】 抽象クラスではなく，インタフェースを用いなければならない状況を，例を挙げて説明しなさい．

【4】 以下に示す interface の定義を abstract class を用いた定義に変更しなさい．

```
1  interface Foo {
2    double a=10.0;
3    int b=5;
4    void printA();
5    void printB();
6  }
```

【5】 以下に示すインタフェース Entity を実装したクラス Point を定義しなさい．クラス Point はフィールドとして，二つの整数値 x, y をもち，メソッド show() により，x, y の値を表示するものとする．

```
1  interface Entity {
2    void show();
3  }
```

【6】 以下に示すインタフェースには，複数の誤りが含まれている．このプログラムの誤りをすべて指摘しなさい．

```
1  interface InterfaceError {
2      int i;
3      InterfaceError();
4      void print();
5      static void sort();
6  }
```

【7】 CompileError.java では，インタフェース Foo を実装したクラス Bar の中で，メソッド disp を定義している．このプログラムをコンパイルしたところ下記のコンパイルエラーが出力された．誤りの原因を指摘し，コンパイルエラーが出力されないように修正しなさい．

```java
    void disp();
}
class Bar implements Foo {
    private int val;
    void disp() {
        System.out.println("Val="+val);
    }
    Bar(int i) {
        this.val=i;
    }
}
class CompileError {
    public static void main(String[] args) {
        Bar b=new Bar(10);
        b.disp();
    }
}
```

[実行例]
C:\home\LectureHandOut\java\Text-ver2\prog\ch5>javac CompileError.javaCompileError.java:6: エラー: Bar の disp() は Foo の disp() を実装できません
　　　void disp() {
　　　^
　　(public) より弱いアクセス権限を割り当てようとしました
エラー1個

演　　習

5.1 プログラム 5.2 に，正三角形 (Triangle) クラスを追加しなさい．ただし，Triangle は中心座標 (x,y) と1辺の長さ l をフィールドとしてもつものとする．また，Entity を拡張し，面積を計算して返す，もう一つのメソッド areaSize() を追加したインタフェース AreaEntity を定義しなさい．すなわち，インタフェース AreaEntity の定義は以下のようになる．

```java
interface AreaEntity extends Entity {
  public double areaSize();
}
```

パッケージと例外処理

Java Programming

7章以降では，Javaに用意されているさまざまなクラスライブラリーを用います．これらのクラスライブラリーはパッケージという形で提供されているため，まずパッケージの基本事項について述べます．また，入出力処理やマルチスレッドのプログラムにおいては例外処理に関する知識も必要です．そこで，つぎに例外処理について述べます．

6.1 パッケージ

大規模なJavaプログラムは，多数のクラスから構成されます．その際に機能が似ていたり，使われる状況が似ていたりするクラスはパッケージと呼ばれる単位にまとめられます．一般に，Javaのプログラムは一つ以上のパッケージをまとめたパッケージライブラリーとして配布されます．一方，多数のクラスが多数のプログラマによりつくられる場合には，振舞いが異なるクラスに同じ名前が付けられることもあります．パッケージを用いることにより，そのような名前の衝突を避けることができます[†]．

Javaのクラスの指定は，原則として「パッケージ名．クラス名」という形で行われます．これにより，異なるパッケージに同じ名前のクラスが存在しても，パッケージ名が異なれば，それらは異なるものとして区別することができます．前章までのプログラムではパッケージ名を省略していましたが，それらのすべてのクラスは無名のパッケージ（デフォルトパッケージ）に属していました．

JavaにはOracle社の提供する**標準ライブラリー**があり，その中に後の章で利用するjava.util, javafx, java.ioなど，多数のパッケージが含まれています．パッケージは階層的に構成することもでき，各パッケージの中にはさらに別のパッケージ（サブパッケージ）が含まれている場合もあります．例えば，java.awtというパッケージの中にはjava.awt.color, java.awt.event, java.awt.fontなどのサブパッケージがあります．これらの標準パッケージのうち，java.langパッケージには，いままで用いてきたStringクラスやMathクラス，すべてのクラスの大

[†] クラス名などの名前は，一般に名前空間（name space）で管理されます．Javaでは名前空間の管理をパッケージで行います．

元の Object クラス，基本データ型のラッパークラスなど使用頻度の高いクラスが含まれています．したがって，java.lang パッケージだけは特別であり，(後に述べる `import` を指定しなくても) パッケージ名を省略して用いることができます．先に，平方根を求める目的で Math クラスの sqrt メソッドをつぎのように利用しました．

```
double a=Math.sqrt(5.0);
```

これは，java.lang 中のクラスはパッケージ名を省略できることを利用したものです．一方，パッケージ名を指定して Math クラスのメソッドを利用する場合には，つぎのように記述します．

```
dobule a=java.lang.Math.sqrt(5.0);
```

java.lang 以外のパッケージに含まれるクラスを利用する際には，パッケージ名をクラス名の前に付けなければなりません．しかし，クラスを使う度にパッケージ名を付けたクラス名を指定するのは煩雑です．パッケージの中には名前の長いものも存在します．Java では，パッケージ名の指定は import 文を記述することにより省略することができます．例えば，10 章で入出力処理に用いるクラスに，`java.util.Scanner` というクラスがあります．これは，`java.util` がパッケージ名であり，Scanner がクラス名です．このクラスをクラス名のみで利用する場合には，プログラムの先頭に，

```
import java.util.Scanner;
```

と記述します．これにより，Scanner クラスはパッケージ名を省略して利用できるようになります．もし，java.util パッケージに含まれるすべてのクラスをパッケージ名を省略して利用したい場合には，つぎのようにパッケージ名の後に.*を付けて指定します．

```
import java.util.*;
```

import 文には静的インポートという機能があります．これは，クラスの static なメンバー (クラスフィールドやクラスメソッド) にアクセスする際にクラス名も省略できる機能です．例えば，java.lang.Math クラスの static メソッドやクラスフィールドをクラス名を省略して呼び出すためには，

```
import static java.lang.Math;
```

をクラス定義の前に置きます．これにより，Math クラスのメソッドや定数にクラス名の Math を付けずにアクセスできます．このプログラム例をプログラム 6.1 に示します．

[プログラム 6.1: ch6/StaticImport.java]

```
1   import static java.lang.Math.*;
2   import static java.lang.System.out;
3   class StaticImport {
4       public static void main(String args[]) {
5           for(int i=0; i<10; i++) {
```

```
 6              double d=sin(toRadians(i*10));
 7              out.printf("sin(%d)=%4.2f\n",i*10,d);
 8          }
 9      }
10  }
```

6行目では，sin(), toRadians() を Math を付けずに呼び出せています．また，2行目のインポート文により，クラスフィールド System.out をクラス名を省略して呼び出せています．

パッケージはフィールドやメソッドへのアクセス制御の単位でもあります．4.5節において，クラスやメソッド，フィールドのアクセス修飾子について述べました．そこでは，アクセス修飾子が無指定の場合，同じパッケージ内からのアクセスを許すことを述べました．このことは，利用するクラスと参照されるクラスが，同じパッケージに属していればアクセスが許可されることを意味します．

6.2 パッケージの作成

つぎにパッケージのつくり方について説明します．まず，一つのクラス（Parent）を定義し，これを package1 という名前のパッケージに含めるものとします．このためには，まずファイルの先頭で，そのクラスを含めるパッケージ名を指定します．その後はいままでと同じにクラスを定義します．

```
    package package1;
```

パッケージは，サブフォルダに作成します．例えば，現在作業しているフォルダ（ディレクトリ）が prog であるとします．そのとき，prog の下に package1 というパッケージ名と同じ名前のフォルダを作成し，そこにプログラム 6.2 を置き，コンパイルします．このコンパイルはフォルダ package1 内で行ってもよいし，または現在のフォルダ prog 内で実行例に示すコマンドによりコンパイルしても結構です．

［プログラム 6.2: ch6/package1/Parent.java ］

```
 1  package package1;
 2  public class Parent {
 3      private int ival;
 4      private double dval;
 5      protected Parent(int i, double d) {
 6          ival=i; dval=d;
 7      }
 8      protected void print() {
 9          System.out.println("ival="+ival+" dval="+dval);
10      }
11      protected void printNumerical() {
12          System.out.println("ival="+ival+" dval="+dval);
13      }
14  }
```

[実行例]
```
% javac package1/Parent.java
```

さて，つぎにこのパッケージ内のクラスを利用するクラス（Child）を作成します．このファイルは package2 というパッケージに作成するものとします．先の Parent.java の場合と同様に，このファイルは package2 というフォルダをつくり，その下に置きます．この内容をプログラム 6.3 に示します．

[プログラム 6.3: ch6/Child.java]

```
1   package package2;
2   import package1.Parent;
3   class Child extends Parent {
4       private String strA;
5       public Child(int ival,double dval,String s) {
6           super(ival,dval);
7           strA=s;
8       }
9       public void print() {
10          super.print();
11          System.out.println("strA="+strA);
12      }
13      public static void main(String[] args) {
14          Child c=new Child(10,0.123,"name");
15          c.print();
16      }
17  }
```

1 行目に書かれている package package2; で，このファイルは package2 というパッケージに入れることを指定しています．2 行目の文 import package1.Parent; がパッケージ package1 中のクラス Parent をパッケージ名の指定なく使うことを指示しています．すでに述べたように，import 文を省略して，その代わり 3 行目のクラス名 Parent の前にパッケージ名 package1 を付けて，つぎのように書いても正常にコンパイルされ，実行されます．

```
    class Child extends package1.Parent {
```

Child2.java は prog フォルダからつぎのようにコンパイルします．

```
% javac package2/Child.java
```

このファイル構成の場合には，上のコマンドでコンパイルできます．ここで，もう少し一般的な状況を説明しておきます．実際には，package1 と package2 は同じフォルダの中にあるとはかぎりません．

いま，パッケージ package1 がフォルダ \home に存在するものとします．このとき，Parent クラスの存在するフォルダを指定しないと，Parent クラスが入れられた package1 がどこにあるかがわかりません．その結果，コンパイルは失敗します．パッケージが存在するフォルダは -cp （または-classpath）オプションで指定します．これを用いてつぎのようにコンパイルします．

[実行例]
```
% javac -cp .;\home package2/Child.java
% java -cp .;\home package2.Child
ival=10 dval=0.123
strA=name
```

 -cp のつぎの「.;\home」の部分が，利用するパッケージが置かれているフォルダ（上の例の場合には，package1 が置かれているフォルダ）の指定です．ここでは，「.」（カレントフォルダ）と\home を指定しています．なお，; は区切り子です．classpath を指定すると，カレントフォルダ（現在作業しているフォルダであり，ピリオド'.'で指定される）が検索の対象から外されてしまうため，-cp .;\home のようにカレントフォルダも含めて指定する必要があります．また，classpath の指定は環境変数 CLASSPATH でも行うことができます．

 2 行目では，java コマンドにより Child クラスを実行しています．この場合にも，package1.Parent クラスが必要になるため，package1 の場所をクラスパスで指定しています．実行する main メソッドが含まれるクラス（この場合には Child）を package2.Child のように「パッケージ名.クラス名」で指定しています．実行時にパッケージ名を含めたクラス名を指定する場合にはこのように，パッケージ名とクラス名をドット（.）でつないで指定します．

 パッケージの名前の付け方にはいくつかの提案があります．パッケージを世界中に配布しようとするとき，衝突がないパッケージ名を付ける必要があります．そこで，一つの提案は，インターネットのドメイン名を基に，それを逆順に並べてパッケージ名とするものです．例えばドメイン名が u-abc.ac.jp のとき，jp.ac.u_abc とします．サブパッケージ名はその後にドット（.）でつなげます．この例で，ハイフン（-）をアンダースコア（_）に変えているのは，Java の命名規則では，ハイフンを識別子に用いられないためです．

 上の例の場合に，package1 のパッケージ名は jp.ac.u-abc.package1 となり jp\ac\u_abc\package1 というフォルダにつくられます．つまりパッケージ名に含まれるドット（.）の数だけ深いフォルダに置かれることになります．

 Java クラスライブラリーのクラスをプログラミングで用いるときやマニュアルを調べる際に，パッケージ名を知ることが必要です．そこで，本書では以降，適宜クラス名の後にパッケージ名を含むクラス名を括弧で示します．

6.3　　jar

 パッケージは jar というアーカイバで一つのファイルにまとめて配布されます．jar でアーカイブするファイルにはクラスファイルの他，画像やアイコンなど多様な種類のファイルを含んでいてもかまいません．jar は複数のファイルを ZIP 圧縮します．また，jar ファイルには「.jar」という拡張子が付けられます．jar アーカイバの簡単な使い方は，つぎのコマンドで知ることができます．

```
% jar -help
```
 パッケージに含まれるクラスファイルから jar ファイルの作成はつぎのように行います．こ

こでは，\home\package1 以下に含まれるすべてのファイルを parent.jar というファイルにアーカイブすることとします．

  % jar cf parent.jar \home\package1

この結果得られる parent.jar に含まれる内容の確認は，つぎのコマンドで行います．

  % jar tf parent.jar

上記のコマンドの実行結果を以下に示します．

[実行例]
```
% jar tf parent.jar
META-INF/
META-INF/MANIFEST.MF
package1/
package1/Parent.class

%
```

ここで，jar ファイルには META-INF というフォルダがつくられ，その中に MANIFEST.MF というファイルがつくられますが，その他は package1 フォルダと，その中に Parent.class が含まれていることがわかります．

jar ファイルは，ZIP 圧縮されたファイルであるため，もし必要があれば ZIP を解凍できるツールを用いることにより，jar ファイルを解凍することができます．また，jar コマンドでも解凍することができます．これはつぎのようにして行います．

  % jar xf parent.jar

しかし，jar ファイルは，解凍することなく内容を実行できます．先にクラスファイルを任意の位置に置く場合の例を示しました．これと同様に，コンパイル時に ClassPath で jar ファイルが置かれている場所を指定します．

[実行例]
```
% javac -cp .;\home\parent.jar Child.java

% java -cp .;\home\parent.jar Child
ival=10 dval=0.123
strA=name

%
```

この実行例のようにクラスパスをつねに指定する代わりに，環境変数 **CLASSPATH** に「.;\home\parent.jar」を指定することによりコンパイルや実行は簡単になります．

6.4 例 外 処 理

プログラム実行中に障害が発生することがあります．例えば，配列を用いているとき，そ

の配列の範囲外の要素（添字が負の値や，添字が要素数以上の場合）が指定されたり，0 で割り算した場合などです．これらの障害は**例外**と呼ばれます．Java には例外が発生したとき，それらに対処する処理を記述する **try-catch** 文と呼ばれる構文があります．

例外には Error と Exception があります．Error はメモリ不足などプログラムを継続して実行することが不可能な状況であり，Exception は配列の範囲外にアクセスしたり，ファイルを読み込んでいる途中でファイルの終端に達したなど，適切な対応をとることにより処理の継続が可能なものです．

つぎのプログラム 6.4 では，配列 ary のサイズが 5 であるにもかかわらず，ary[8] に数字を代入しようとしています．当然配列の範囲を越えているためエラーとなり，異常終了します．その様子を実行例に示します．

[プログラム 6.4: ch6/Except.java]

```
1   class Except {
2       public static void main(String[] args) {
3           int[] ary=new int[5];
4           ary[8]=5;
5           System.out.println("ary[8] に 5 を代入した");
6       }
7   }
```

[実行例]
```
% java Except
Exception in thread "main" java.lang.ArrayIndexOutOfBoundsException
    at Except.main(Except.java:4)
%
```

4 行目の ary[8]=5; を実行したところ，エラーが見つかったため，それ以降の文は実行されずに終了しています．この例では配列の範囲外の要素が定数で指定され，そこに値を代入しようとしているため修復は難しいですが，Exception が発生したとき，その Exception の種類によっては適切な処理を継続するプログラムを書くことができる場合もあります．例えばファイル名を指定して，そのファイルを開こうとしたとき，ファイルが存在しないという例外が発生したときは，再度ファイル名を尋ねる，などの処理です．try-catch 文では，例外が発生する可能性がある部分を try ブロックで囲みます．また，例外が生じたとき実行する処理を catch 節に記述します．プログラム 6.4 の例で，とりあえず異常終了とはせずに，メッセージを表示してプログラムを終了する改良をプログラム 6.5 に示します．

[プログラム 6.5: ch6/Except2.java]

```
1   class Except2 {
2       public static void main(String[] args) {
3           try {
4               int[] ary=new int[5];
5               ary[8]=5;
6               System.out.println("ary[8] に 5 を代入した");
7           }
8           catch(ArrayIndexOutOfBoundsException e) {
9               System.out.println("配列の範囲を越えた");
```

```
10        }
11      }
12   }
```

このプログラムでは，例外の発生を調べる範囲を try ブロックで囲んでいます．4 行目から 6 行目までがこのブロックの中に入ります．このブロック内で添字が配列の範囲を越えると，ArrayIndexOutOfBoundsException という例外が発生します．そして例外が発生したときは，その例外名が括弧内に書かれた 8 行目の catch ブロックに制御が移り，そこに書かれたコードが実行されます．ここでは，9 行目の出力文が実行されます．その後このプログラムは正常に終了します．実行例を以下に示します．「配列の範囲を超えた」というメッセージは表示されていますが，try-catch 文を記述しない場合の実行例のように，システムのエラーメッセージが表示されることなく終了しています．

[実行例]
```
% java Except2
配列の範囲を越えた
%
```

例外は Throwable（java.lang.Throwable）というクラスのオブジェクトです．そのクラスから拡張されたサブクラスに Error と Exception があり，これらはすべて java.lang パッケージに含まれています．先述のように，Error はプログラムの実行を継続することが不可能なものであり，通常例外処理の対象とはなりません．したがって，例外処理は後者の Exception を対象として行います．この Exception の子孫のクラスに，先ほど対象とした配列の範囲を越えたという例外 ArrayIndexOutOfBoundsException や，0 で割り算した場合の例外 ArithmeticException，アクセスしようとしたオブジェクトが null の場合の例外 NullPointerException などがあります．これらの例外はすべて Exception クラスを拡張して定義されています，したがって，これらの例外をすべてキャッチする場合には，catch ブロックにすべての例外の祖先クラスである Exception を書くことで対処できます．つまり 8 行目をつぎのように変えます．

```
catch(Exception e) {
```

catch ブロックに書かれている変数 e には，発生した例外のオブジェクトが入ります．そこで，これを System.out.print メソッドなどで表示すれば実際に発生した例外の種類を知ることができます．

例えば，プログラム 6.5 の 9 行目を，つぎのように変えたときの実行例を以下に示します．

```
System.out.println(e);
```

[実行例]
```
% java Except2
java.lang.ArrayIndexOutOfBoundsException: 8
```

Java の例外処理の構文を以下に示します．

```
try{
```

```
        例外が発生する恐れのある Java 文
} catch(例外の種類 e) {
        その例外が発生したときの処理
} finally {
        try ブロックを終了する前につねに行う処理
}
```

catch ブロックは例外の種類ごとに複数記述することができます．また，**finally** ブロックには **try** ブロックの終了前に行う必要のあるコードを記述します．この部分は例外が発生したか否かにかかわらず実行されます．さらに，finally ブロックは，もし try ブロックの中で continue, break, return が実行されて制御がブロックの外に出る場合にも必ず実行されます．ただし，try ブロック内で System.exit() メソッド（プログラムの終了）が実行された場合には，finally ブロックは実行されません．また，finally ブロックは，必要がなければ省略できます．

例外は main メソッドで発生するとはかぎらず，main から呼ばれたメソッドの中でも発生し，さらに何段もの呼び出しを経て呼ばれたメソッドの中でも発生します．もし，例外が発生した関数に try-catch 文がない場合には，メソッドの呼び出し階層を順に戻り，初めて見つかるその例外の catch ブロックに記述された文が実行されることになります．

プログラム 6.6 では，main がメソッド a を呼び，その中でメソッド b を呼んでいます．メソッド b の中で 0 で割る例外が発生します．しかし，メソッド b の中には 0 で割ったときの例外 ArithmeticException に適合する catch ブロックがありません．そこで，メソッド b の finally ブロックが実行された後，メソッド a に戻り，そこの catch ブロックでこの例外がとらえられます．さらにメソッド a の finally ブロックが実行され，main に戻っています．

[プログラム 6.6: ch6/Exception3.java]

```
1   class Exception3 {
2       public static void main(String[] args) {
3           System.out.println("Main Start");
4           a();
5           System.out.println("Main End");
6       }
7       static void a() {
8           System.out.println("a Start");
9           try{
10              b();
11          }
12          catch(ArithmeticException e) {
13              System.out.println("Error: "+e);
14          }
15          finally{
16              System.out.println("a-finally");
17          }
18          System.out.println("a End");
19      }
20      static void b() {
21          System.out.println("b Start");
22          try{
23              int a,b=0;
```

```
24                a=10/b;
25            }
26            catch(ArrayIndexOutOfBoundsException e) {
27                System.out.println("Error: "+e);
28            }
29            finally{
30                System.out.println("b-finally");
31            }
32            System.out.println("b End");
33        }
34    }
```

プログラム 6.6 の実行結果を以下に示します.

[実行例]
```
% java Exception3
Main Start
a Start
b Start
b-finally
Error: java.lang.ArithmeticException: / by zero
a-finally
a End
Main End
```

以上で扱った例外は try-catch 文を書かなくてもコンパイルは正常に行われます. しかし 10 章以降で扱うメソッドの中には try-catch 文を記述するか, 例外を throw しなければコンパイルエラーとなるものがあります. 例えば, プログラム 6.7 は, 10 章で述べるプログラム 10.1 の try-catch 文を外したものです. このプログラムは java.io.InputStream というクラスの read() メソッドを用いてキーボードからの入力を行っています. このプログラムをコンパイルすると以下のエラーが表示されます.

[プログラム 6.7: ch6/ReadTestError.java]
```
1   import java.io.*;
2   class ReadTestError {
3       public static void main(String[] args) {
4           int d;
5           while(true) {
6               d=System.in.read();
7               if(d=='\n') break;
8               System.out.print(d);
9           }
10      }
11  }
```

[実行例]
```
% javac ReadTestError.java
ReadTestError.java:6: 例外 java.io.IOException は報告されません。スローする
にはキャッチまたは、スロー宣言をしなければなりません。
```

```
              d=System.in.read();
                          ^
```
エラー 1 個

　このメッセージの意味は，6 行目の System.in.read() というメソッドが例外を発生する可能性があるので，そのための例外処理を行わなければならないことを示しています．この対策としては，10 章のプログラム 10.1 のように例外が発生する可能性があるメソッドを try ブロックで囲み，catch ブロックを記述します．catch ブロックが書かれていれば，その中で実行する文がなくても（つまり catch (Exception e) {} とだけ書かれていても）このコンパイルエラーは出力されなくなります．

　以上で述べてきたことをまとめると，例外は配列の範囲外の要素へのアクセスや 0 による割り算，あるいは不正なメソッドの呼び出しなど，多くの場所で発生する可能性がありますが，つぎの二つの場合があることになります．
- 例外処理を（プログラマの責任で）行わなくてもよい場合
- 例外処理を行うことが要求される場合

　前者の例がプログラム 6.5 や 6.6 であり，後者の例がプログラム 6.7 です．後者の場合は，特定のクラスのメソッド（やコンストラクタ）を利用する際に生じます．このようなメソッドでは，Java の API ドキュメントに「例外」という項が書かれ，そこに発生する可能性のある例外について述べられています．または，コンパイルすると上の実行例のようなエラーメッセージが表示されることから知ることができます．

　例外を発生させるメソッドを利用する場合のもう一つの対応法は，メソッドの定義において **throws** を付けることにより，そのメソッドの呼び出し元に例外処理をゆだねることです．つまりプログラム 6.7 の 3 行目をつぎのように変えるとコンパイルは正常に終了します．

```
    public static void main(String[] args) throws IOException {
```

この例では，main メソッドに throws が記述されています．ただし，例外が発生した場合の処理についてはなにも書かれていないため，実行時にエラーが発生した場合には，そのエラーメッセージが表示されプログラムが異常終了することになります．

　実際には，何段もメソッドの呼び出しを経て例外を発生させる可能性があるメソッドを呼び出す場合に，その呼び出し階層の適切な位置で try ブロックを書き，catch ブロックにより適切な処置を記述することになります．また，一度 catch された例外は呼び出し元のメソッドには throw されません．

　プログラム 6.8 は，プログラム 6.6 を少し修正したものです．メソッド b() 中の try-catch 文を削除し，throws を記述しています（16 行目）．b() で発生した例外はメソッド a() で処理されることになります．メソッド a() の catch 節の中では，e.printStackTrace() と記述しています．このメソッドは，実行例に見られるように，どこで例外が発生したか，およびその例外が発生した場所までどのようにメソッドが順に呼び出されるに至ったかを表示するものです．

[プログラム 6.8: ch6/Exception4.java]

```
1   class Exception4 {
2       public static void main(String[] args) {
3           System.out.println("Main Start");
4           a();
5           System.out.println("Main End");
6       }
7       static void a() {
8           System.out.println("a Start");
9           try {
10              b();
11          } catch(Exception e) {
12              e.printStackTrace();
13          }
14          System.out.println("a End");
15      }
16      static void b() throws Exception {
17          System.out.println("b Start");
18          int a,b=0;
19          a=10/b;
20          System.out.println("b End");
21      }
22  }
```

[実行例]
```
% java Exception4
Main Start
a Start
b Start
java.lang.ArithmeticException: / by zero
        at Exception4.b(Exception4.java:19)
        at Exception4.a(Exception4.java:10)
        at Exception4.main(Exception4.java:4)
a End
Main End
```

6.5 例外クラスの定義法

Javaには多数の例外クラスが定義されていますが，プログラマが新しい例外クラスを定義することもできます．例外の定義は，以下のプログラム6.9のように，Exceptionクラスを拡張して行います．

[プログラム 6.9: ch6/UserException.java]

```
1   class NewException extends Exception{
2       int value;
3       NewException(int v) {
4           value=v;
5       }
```

```
 6        public String toString() {
 7            return "NewException "+value;
 8        }
 9    }
10    class UserException {
11        public static void main(String[] args) {
12            try {
13                for(int i=3; i>=0; i--)
14                    checkZero(i);
15            }
16            catch(NewException e) {
17                System.out.println("Exception: "+e);
18            }
19        }
20        static void checkZero(int value) throws NewException {
21            if(value==0)
22                throw new NewException(value);
23            else
24                System.out.println("No problem.");
25        }
26    }
```

この実行結果は以下のようになります．

[実行例]
```
% java UserException
No problem.
No problem.
No problem.
Exception: NewException 0
```

1行目から9行目までが新しい例外クラス NewException の定義です．このクラスはフィールド value をもち，コンストラクタでは引数をフィールド変数に代入しています．また6行目から8行目では toString() メソッドをオーバーライドし，17行目のように例外を表示する場合に備えています．

main 中では，13行目と14行目で i の値を3から一つずつ減らしながら checkZero を呼び出しています．checkZero の中では引数の値が0の場合に，新しく定義した例外インスタンスをコンストラクタで作成し throw しています．さらに，20行目では throws NewException と書かれており，このメソッドが例外処理を呼び出し元のメソッドに依頼することが示されています．すなわち，このメソッドは例外が発生する可能性があることを示しています．ここで発生した例外は16行目の catch ブロックで捕捉され，17行目で例外が発生したことを表すメッセージが出力されています．

このように，プログラム中での例外の発生は，以下の手順で行います．

- コンストラクタで例外のインスタンスを生成する．
- その例外を throw する．

また，このように定義されたメソッドを呼び出す際には，呼び出し元で try-catch 文を記述し，そこで例外処理を行うか，または呼び出し元のメソッドにスローするかしなければなりません．

Java ですでに定義されている例外を throw することも可能であり，例えば算術計算での例外（java.lang.ArithmeticException）をプログラム中で発生させたければつぎのように記述します．

```
throw new ArithmeticException();
```

章 末 問 題

【1】 以下の各項目は，パッケージと例外処理について述べたものである．内容が誤っているものをすべて選び記号で答えなさい．
(1) クラスは「パッケージ名．クラス名」で特定される．
(2) パッケージ名を指定されていないクラスは，無名のパッケージに属す．
(3) java.util パッケージに含まれるクラスはよく使われるクラスであるため，import 文を省略して利用できる．
(4) あるクラスの属すパッケージを指定する場合には，そのパッケージ名の前に defpackage を付ける．
(5) メソッドの中には，try ブロックで囲むか，メソッドの定義に throws を付けないとコンパイルエラーとなるものがある．
(6) try ブロックを用いた場合には，catch ブロックも記述する必要がある．ただし，finally ブロックを書くことにより，catch ブロックは省略可能である．
(7) 0 で割り算した場合には，NullPointerException が発生する．
(8) Exception クラスを拡張して新しい例外を定義することができる．

【2】 ファイルへの出力を行うクラスに PrintWriter というクラスがある．このクラスは，パッケージ java.io の中に定義されている．したがって，このクラスのコンストラクタを呼び出す際には

```
java.io.PrintWriter pw=new java.io.PrintWriter("fname");
```
のように記述しなければならない．これを単純に，
```
PrintWriter pw=new PrintWriter("fname");
```
のように呼び出すためには，ソースコードになにを記述すべきか答えなさい．

【3】 プログラム 6.2 の 2 行目で，クラス Parent にアクセス修飾子 public が付けられている理由を述べなさい．

【4】 以下に示すプログラムの一部について，***A***～***D***の部分に記述すべき内容を説明しなさい．
```
try{
***A***
}
catch(***B***) {
***C***
}
finally {
***D***
```

　　　　}
【5】下に示すプログラムで Bar クラスはパッケージ pkg にあり，このパッケージは\home フォルダに置かれている．このプログラムを正しくコンパイルし，実行するための手順を示しなさい．

```
1  import pkg.Bar;
2  public class UsePackage {
3      public static void main(String[] args) {
4          Bar b=new Bar();
5          b.disp();
6      }
7  }
```

GUI プログラム

Java Programming

　前章までで扱ったプログラムは，コンソールに対して文字の入出力を行うものでした．このようなアプリケーションプログラムは **CUI**（console user interface）プログラムと呼ばれます．一方，本章から9章まででは **GUI**（graphical user interface）プログラムの作成法について述べます．まず，本章では GUI アプリケーションの基本について述べます．8章では，GUI を構成する部品（コントロールと呼ばれます）と，その使い方について述べます．9章では，グラフィックスの表示法やマウスを用いた座標の取得法について述べます．

7.1　JavaFX による簡単なプログラム

　GUI アプリケーションを作成するためには，GUI ライブラリーを使います．この GUI ライブラリーには，AWT，Swing，そして本書で扱う JavaFX などがあります．JavaFX は Java8 から標準のライブラリーとなりました．しかし，以前の Java では AWT と Swing がよく使われてきました．そこで現在広く使われているアプリケーションでも AWT や Swing が使われています，しかし今後作成されるアプリケーションは JavaFX で書かれるものが増えると考えられますので，本書では **JavaFX** について解説します．

　最初に，JavaFX の機能を用いた GUI アプリケーションの例をプログラム 7.1 に示します．

[プログラム 7.1: ch7/WindowApp.java]

```
1    import javafx.application.Application;
2    import javafx.scene.Scene;
3    import javafx.scene.layout.StackPane;
4    import javafx.stage.Stage;
5
6    public class WindowApp extends Application {
7        @Override
8        public void start(Stage stage) throws Exception {
9            StackPane root = new StackPane();
10           Scene scene = new Scene(root, 300, 250);
11           stage.setTitle("WindowApp");
12           stage.setScene(scene);
13           stage.show();
14       }
15
```

```
16      public static void main(String[] args) {
17          launch(args);
18      }
19  }
```

このプログラムをつぎのようにコンパイルして，実行します．

[実行例]
```
% javac WindowApp.java
% javaw WindowApp
```

　実行例の2行目で，いままでのjavaコマンドの代わりにjavawというコマンドを使っています．これは，いままでどおりjavaでもよいのですが，javaコマンドの場合，プログラムが終了するまで，コマンドプロンプトが出されません．GUIプログラムでは，ユーザと対話しながら処理を行うため，プログラムが起動してからその終わりまでの時間が長いのが普通です．一方，javaコマンドで起動した場合，プログラムが終了するまでコンソールが占領されてしまいます．javawコマンドでプログラムを起動した場合には，コンソールにすぐにつぎのコマンドを受け付けるプロンプトが出されますので，GUIプログラムではこちらが好まれます．

　このプログラムの表示例を図 **7.1** に示します．ここに見られるように，つくられたウィンドウの中にはなにも入っていません．章が進むにつれ，コントロールと呼ばれるGUI部品がウィンドウ内に配置されていきます．まずは，このなにもないウィンドウのつくられ方について説明します．

図 **7.1** WindowApp の表示例

　JavaFXを用いたGUIプログラムも，javawコマンドに与えられたクラス（この例ではWindowApp）の`main`メソッド（16行目）から実行が始まります．しかし，mainメソッドに書かれているのは`launch(args)`の1行のみです．このメソッドは，mainと同じクラス内にある`start`メソッドを起動します．実質的には，JavaFXで書かれたGUIプログラムは，この`start`メソッドから実行が開始すると考えておけばよいでしょう．

プログラム 7.1 の 6 行目で，クラス定義の先頭に public 修飾子が付けられています．この public は必要です．理由は，Application クラスにおいて，このクラスを参照しているためです．

さて，プログラムに書かれたクラス WindowApp は Application クラスを拡張してつくられています．このクラスは抽象クラスであり，start メソッドの実装が要求されます．この start メソッドの中に複数の行が書かれていますが，ウィンドウを表示するために必要なのは，13 行目の stage.show() だけです．ためしに，start メソッドから stage.show() だけを残してすべて消してしまうと，大きななにもないウィンドウが表示されることになります．

残りの行を説明する前に，JavaFX の GUI プログラムの構成について簡単に説明しておきます．物理的に表示されるウィンドウに対応するのは，Stage クラス（javafx.stage.Stage）です．このクラスはトップレベルのコンテナと呼ばれます．コンテナとは，GUI を構成するさまざまな部品を入れる入れ物のことです．この Stage クラスは，ウィンドウのサイズや背景の色などを指定することができませんので，それらを行うために Scene（javafx.scene.Scene）というクラスを使います．さらに，この Scene 内にさまざまな部品を配置するために，Pane というクラスを用います．このクラスはレイアウト，またはコンテナとも呼ばれます．後で扱う Button や Label などの GUI 部品（コントロール）は，Pane を用いて適切な位置に配置します．Pane には多数の種類があり，本章の後半で説明します．ここでは，単純な StackPane（javafx.scene.layout.StackPane）というクラスを用いています．

以上で述べた処理を，プログラム 7.1 に対応づけます．まず，9 行目は StackPane のオブジェクトをつくり，root という変数に代入しています．10 行目では，Scene クラスのオブジェクトをつくり変数 scene に代入しています．コンストラクタの最初の引数には，StackPane のオブジェクトを，つぎの二つの引数には，ウィンドウの横と縦のサイズを指定します．ここの指定では，横方向に 300 画素，縦方向に 250 画素の大きさのウィンドウがつくられます．11 行目では start メソッドに引数として渡された stage オブジェクトに対して，タイトルバーに表示するメッセージを指定しています．ここで指定した文字列が，ウィンドウのタイトルバーに表示されます．12 行目では先ほどの scene を stage に登録しています．最後に 13 行目の stage.show() でウィンドウが画面に表示されます．

以上で述べたことを図 **7.2** に示します．Stage がウィンドウの土台にあり，その上に Scene と Pane が順に配置されます．後で述べる Button や Label などの GUI 部品は Pane の上に配置されます．

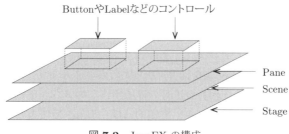

図 **7.2** JavaFX の構成

このプログラムは，13行目の stage.show() を実行した後，終了しています．しかし，つくられたウィンドウは，タイトルバー右端の×ボタンが押されるまで画面上に表示しつづけます．なぜ，最後の行を実行した後プログラムは終了しないのでしょうか？これは GUI プログラムはマルチスレッドという仕組みでつくられているためです．マルチスレッドについては 12 章で説明しますが，GUI プログラムでは，通常のプログラムで起動されるメインスレッドの他に，ボタンが押された，メニューが選択された，などのイベントを監視して，それぞれのイベントに対して処理を行う別のスレッドが立ち上げられます．その GUI のスレッドは，ウィンドウの×ボタンが押されるなどしたときに終了し，またメインのスレッドも，その GUI のスレッドの終了を待って終了する仕組みがつくられています．

本書で例に上げる JavaFX による GUI プログラムでは，main メソッドを記述しなくても動作します．ためしに 16 行から 18 行までのコメントで消してからコンパイルして実行してみてください．正しく動くことが確認できると思います．したがって，以降のプログラムでは，プログラムの行数を節約するため main メソッドの記述を省略します．JavaFX の単純な GUI プログラムでは，Application クラスを拡張したクラスでオーバーライドされた start メソッドから動作が開始すると考えてもよいでしょう．

7.2 コントロールの配置

JavaFX では，ボタンやラベルなどの GUI 部品をコントロールと呼びます．本章では，この 2 種類のコントロールのみを説明しますが，次章ではより多くのコントロールが現れます．まず，実際のプログラムと動作例をプログラム 7.2 に示します．動作は単純で，図 7.3 に示されているウィンドウ下側の Click Me と表示されているボタンをマウスでクリックすると，ウィンドウ上側の部分（ここには Label というコンポーネントが配置されています）に Hello World! という文字列が表示されるものです．

[プログラム 7.2: ch7/GUISample.java]

```
1    import javafx.application.Application;
2    import javafx.event.ActionEvent;
3    import javafx.event.EventHandler;
4    import javafx.scene.Scene;
5    import javafx.scene.control.Button;
6    import javafx.scene.control.Label;
7    import javafx.scene.layout.VBox;
8    import javafx.stage.Stage;
9
10   public class GUISample extends Application {
11
12       @Override
13       public void start(Stage stage) {
14           Label lb = new Label();
15           lb.setPrefWidth(250); lb.setPrefHeight(50);
16           Button btn = new Button();
17           btn.setPrefWidth(250); btn.setPrefHeight(50);
18           btn.setText("Click Me");
19           btn.setOnAction(new EventHandler<ActionEvent>() {
```

```
20              @Override
21              public void handle(ActionEvent event) {
22                  lb.setText("Hello World!");
23              }
24          });
25          VBox root = new VBox();
26          root.getChildren().addAll(lb, btn);
27          Scene scene = new Scene(root, 250, 100);
28          stage.setTitle("GUISample");
29          stage.setScene(scene);
30          stage.show();
31      }
32  }
```

図 **7.3** GUISample の実行例

14 行目で Label というコントロールのオブジェクトを作成しています．Label は文字列などの表示を行う際に用いるコントロールです．15 行目では，ラベルのサイズを指定しています．setPrefWidth で横方向の幅を 250 画素に，また setPrefHeight で縦方向の高さを 50 画素に指定しています．

16 行目では別のコントロールである Button を作成しています．ボタンはマウスでクリックすることにより，そのボタンに対応づけられている動作を行わせることができます．17 行目はラベルと同じで，表示サイズの指定です．18 行目はボタンに表示される文字列を指定しています．これにより，ボタンに Click Me! という文字列が表示されます．19 行目から 24 行目は複雑ですが，ボタンが押されたときの動作を記述しています．これについては，後で詳しく述べます．

25 行目では，VBox というレイアウト（Pane）をつくり，26 行目でその中にラベルとボタンを登録しています．VBox には複数のコントロールを登録できます．また，登録されたコントロールは縦一列に配置されます．配置は 26 行目の addAll メソッドに引数で与えられたコントロールの順番に従い上から下に行われます．この行で行っていることについては次章で詳しく説明します．いまは，Pane へのコントロールの登録はこのように行うのだと覚えておいてください．

残りの行はプログラム 7.1 と同じです．

上で述べたコントロールの使い方を整理します．
- 使用するコントロールを作成する．
- コントロールが選択されたときの動作（action）をコントロールに登録する．
- コントロールをレイアウトに配置する．

からなる一連の処理を行うことにより，GUI プログラムを作成します．

7.3 イベント処理の基本

Java では，画面にボタンやプルダウンメニューなどのコントロールを配置した GUI を容易に作成することができます．例えばボタンでは，それがマウスでクリックされたときにイベントが発生し，そのイベントに対してあらかじめ登録されている処理が実行されます．このような処理を記述したものをイベントハンドラと呼びます．

Java でのイベント処理は，委任イベントモデル（delegation event model）という方法で行われます．イベントの種類には，マウスの移動やボタンの押下，キーボード上のキーの押下，GUI 上に配置されたボタンの選択，メニューの選択などたくさんの種類が考えられます．委任イベントモデルとは，イベントが発生したとき実行させたいメソッドをイベントを発生させるコントロールに登録しておき，実際のイベント発生により自動的にそれらのメソッド（イベントハンドラ）が呼び出される方式です（図 **7.4**）．

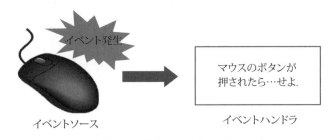

図 **7.4** 委任イベントモデル

ボタンやマウスのように，**イベントを発生させるものをイベントソース**と呼びます．そのイベントは，イベントの種類に応じて記述される**イベントハンドラ**と呼ばれるメソッドで処理されます．したがって，委任イベントモデルでは

1. 個々のイベントを処理するイベントハンドラを定義・宣言しておく
2. そのイベントソースにハンドラを登録する

という手順がとられます．

さて，プログラム 7.2 の例に戻ります．ボタンが押されたとき，`ActionEvent` というイベントが発生します．そこで，ボタンには `ActionEvent` に対する動作を記述したメソッドを登録することになります．これを行うためには，EventHandler（`javafx.event.EventHandler`）インタフェースの `handle` メソッドをオーバーライドします．ここで行う内容は，ラベルに対して `Hello World!` という文字列を設定することです．

プログラム 7.2 では匿名クラスを用いていますが，これを通常のクラスで書き換えるとプログラム 7.3 のようになります．

[プログラム 7.3: ch7/GUISample2.java]

```java
1   import javafx.application.Application;
2   import javafx.event.ActionEvent;
3   import javafx.event.EventHandler;
4   import javafx.scene.Scene;
5   import javafx.scene.control.Button;
6   import javafx.scene.control.Label;
7   import javafx.scene.layout.VBox;
8   import javafx.stage.Stage;
9
10  public class GUISample2 extends Application {
11      Label lb = new Label();
12
13      @Override
14      public void start(Stage stage) {
15          lb.setPrefWidth(250); lb.setPrefHeight(50);
16          Button btn = new Button();
17          btn.setPrefWidth(250); btn.setPrefHeight(50);
18          btn.setText("Click Me");
19          btn.setOnAction(new MyEventHandler());
20          VBox root = new VBox();
21          root.getChildren().addAll(lb, btn);
22          Scene scene = new Scene(root, 250, 100);
23          stage.setTitle("GUISample");
24          stage.setScene(scene);
25          stage.show();
26      }
27
28      class MyEventHandler implements EventHandler<ActionEvent> {
29          @Override
30          public void handle(ActionEvent event) {
31              lb.setText("Hello World!");
32          }
33      }
34  }
```

EventHandler インタフェースを実装したクラス MyEventHandler を内部クラスとして作成しました．19 行目ではボタンに対しての setOnAction メソッドでそのクラスのオブジェクトを登録しました．それにより，ボタンが押されたとき MyEventHandler メソッドが実行されることになります．また，MyEventHandler でもラベル（lb）を参照するため，ラベルの定義部分をクラスのフィールドに移動しました．もし，ボタンが押されたときに実行するメソッドの行数が多い場合には，このような形にしたほうがプログラムが見やすくなると思います．

プログラム 7.4 は同じ動きをするプログラムをラムダ式を用いて書き換えたものです．EventHandler インタフェースは，実装するメソッドが一つだけの関数型インタフェースです．その場合にはラムダ式を使うことができます．この例のように，イベントに対して実行する内容が単純な場合にはラムダ式を用いることにより，記述が簡単になります．

[プログラム 7.4: ch7/GUISample3.java]

```java
1   import javafx.application.Application;
2   import javafx.event.ActionEvent;
```

```
 3      import javafx.event.EventHandler;
 4      import javafx.scene.Scene;
 5      import javafx.scene.control.Button;
 6      import javafx.scene.control.Label;
 7      import javafx.scene.layout.VBox;
 8      import javafx.stage.Stage;
 9
10      public class GUISample2 extends Application {
11
12          @Override
13          public void start(Stage stage) {
14              Label lb = new Label();
15              lb.setPrefWidth(250); lb.setPrefHeight(50);
16              Button btn = new Button();
17              btn.setPrefWidth(250); btn.setPrefHeight(50);
18              btn.setText("Click Me");
19              btn.setOnAction(event -> lb.setText("Hello World!"));
20              VBox root = new VBox();
21              root.getChildren().addAll(lb, btn);
22              Scene scene = new Scene(root, 250, 100);
23              stage.setTitle("GUISample");
24              stage.setScene(scene);
25              stage.show();
26          }
27      }
```

7.4 レイアウトの方式

JavaFX による GUI アプリケーションには，画面をつくる Stage があり，その Stage には Scene が登録されることを述べました．また，GUI に配置するコンポーネントは Pane というものを用いて配置し，それを Scene に登録することにより，画面上に表れることになります．

さまざまなコンポーネントの配置はシーングラフ（scene graph）で管理されています．シーングラフは木構造をしています．つまり，一つの根ノード（root）をもち，根ノードと中間ノードには Pane が配置され，葉ノードにボタンなどのコントロールが配置されたグラフです．この木は次数は不定です．つまり，各ノードのもつ子ノードの数は定まっていません．言い換えると，各 Pane に登録されるコントロール（や別の Pane）の数を自由に決めることができます．

Pane への子ノードの登録は，プログラム 7.2 ではつぎのように行いました．

```
    VBox root = new VBox();
    root.getChildren().addAll(lb, btn);
```

VBox 型の変数名が root になっているのは，それがシーングラフの根ノードになっていることを示しています．どの Pane でも共通の操作は，Pane の getChildren() メソッドで子ノードの参照を得て，そこに addAll メソッドで引数に指定されているコントロールや別の Pane を登録することです．この操作を組み合わせることによりシーングラフがつくられます．

いままでの例で，プログラム 7.1 ではレイアウトとして StackPane を，プログラム 7.2 では VBox を使いました．以下では，よく使われるレイアウトについて説明します．ただし，プログラムの構造を単純なものにするためにコントロールにはすべて Button を用います．

7.4.1　HBox

HBox によるレイアウトは，コントロールを横一列に並べます．レイアウトに HBox を用いている他には，このプログラム 7.5 には特に新しいものはありません．11 行目から 13 行目で四つの Button をつくり，14 行目で HBox レイアウトをつくり，15 行目では四つのボタン（配列に入れられています）を登録しています．16 行目で Scene を作成する際に，大きさを指定していませんが，大きさが省略された場合には適当なサイズでウィンドウがつくられます．もちろん scene の大きさを指定してもかまいません．このプログラムの実行画面を図 7.5 に示します．

［プログラム 7.5: ch7/HBoxSample.java ］

```
1   import javafx.application.Application;
2   import javafx.scene.Scene;
3   import javafx.scene.control.Button;
4   import javafx.scene.layout.HBox;
5   import javafx.stage.Stage;
6
7   public class HBoxSample extends Application {
8       @Override
9       public void start(Stage stage) {
10          stage.setTitle("HBoxSample");
11          Button[] button=new Button[4];
12          for(int i=0; i<4; i++)
13              button[i]=new Button("button-"+i);
14          HBox root=new HBox();
15          root.getChildren().addAll(button);
16          stage.setScene(new Scene(root));
17          stage.show();
18      }
19  }
```

図 7.5　HBox を用いたレイアウト

7.4.2　BorderPane

ボーダーレイアウト（BorderLayout）は，コンポーネントを配置するコンテナ上で，上（TOP），下（BOTTOM），左（LEFT），右（RIGHT），および中央（CENTER）の位置を指定して配置する方式です．ただし，これらの 5 種類をすべて指定する必要はなく，必要なもののみを指定します．ボーダーレイアウトを用いた簡単な例をプログラム 7.6 に示します．

7.4 レイアウトの方式

[プログラム 7.6: ch7/BorderPaneSample.java]

```
1   import javafx.application.Application;
2   import javafx.scene.Scene;
3   import javafx.scene.control.Button;
4   import javafx.scene.layout.BorderPane;
5   import javafx.stage.Stage;
6
7   public class BorderPaneSample extends Application {
8       @Override
9       public void start(Stage stage) throws Exception {
10          Button buttonC=new Button("Center");
11          buttonC.setPrefWidth(200); buttonC.setPrefHeight(200);
12          Button buttonT=new Button("Top");
13          buttonT.setPrefWidth(300); buttonT.setPrefHeight(50);
14          Button buttonB=new Button("Bottom");
15          buttonB.setPrefWidth(300); buttonB.setPrefHeight(50);
16          Button buttonL=new Button("Left");
17          buttonL.setPrefWidth(50); buttonL.setPrefHeight(200);
18          Button buttonR=new Button("Right");
19          buttonR.setPrefWidth(50); buttonR.setPrefHeight(200);
20          BorderPane root=new BorderPane();
21          root.setCenter(buttonC);
22          root.setTop(buttonT);
23          root.setBottom(buttonB);
24          root.setLeft(buttonL);
25          root.setRight(buttonR);
26          Scene scene=new Scene(root,300,300);
27          stage.setTitle("BorderPaneSample");
28          stage.setScene(scene);
29          stage.show();
30      }
31  }
```

プログラム 7.6 の実行画面を図 7.6 に示します.

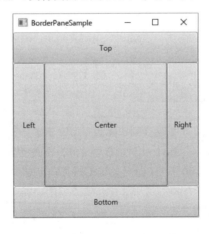

図 **7.6** BorderPaneSample の実行例

このプログラムでは，10 行目で Button のインスタンスをつくり，11 行目でそのボタンのサイズを指定しています．これを後 4 回繰り返しています．20 行目で BorderPane のインスタンスをつくっています．21 行目から 25 行目までは，作成された Button を BorderPane に表示位置を指定して登録しています．

7.4.3 GridPane

グリッドレイアウト（GridLayout）では，配列のように縦横に等間隔に，規則的にコントロールを配置します．このプログラム例をプログラム 7.7 に，実行例を図 **7.7** に示します．

[プログラム 7.7: ch7/GridPaneSample.java]

```
1   import javafx.application.Application;
2   import javafx.scene.Scene;
3   import javafx.scene.control.Button;
4   import javafx.scene.layout.GridPane;
5   import javafx.stage.Stage;
6
7   public class GridPaneSample extends Application {
8
9       @Override
10      public void start(Stage stage) throws Exception {
11          Button[] button=new Button[6];
12          for(int i=0; i<6; i++) {
13              button[i]=new Button("Button-"+i);
14              button[i].setPrefHeight(50); button[i].setPrefWidth(100);
15          }
16          GridPane root=new GridPane();
17          for(int i=0; i<3; i++) {
18              for(int j=0; j<2; j++) {
19                  root.add(button[i*2+j],i,j);
20              }
21          }
22          stage.setScene(new Scene(root));
23          stage.setTitle("GridPaneSample");
24          stage.show();
25      }
26  }
```

図 **7.7** GridPaneSample の実行例

このプログラムでは，ボタンを 6 個つくり 2 行 3 列に配置しています．まず，11 行目から 15 行目では 6 個のボタン（Button[0] から Button[5]）をつくり，それぞれのサイズを 100 画素×50 画素に設定しています．16 行目から 21 行目では GridPane をつくり，2 重の for ループで，2 行 3 列になるようにボタンを配置しています．ここで用いている add メソッドは三つの引数をとり，最初の引数には配置するコントロール（この例では各ボタン），2 番目は列の位置，3 番目は行の位置を指定します．

7.4.4 FlowPane

FlowPane は，画面の上端左側から右方向に向けて，コントロールを配置します．右側に配置するスペースがない場合には，下に移動し，再び左端からコントロールを詰め込みます．プログラム 7.8 にプログラム例を，図 **7.8** に実行例を示します．

[プログラム **7.8: ch7/FlowPaneSample.java**]

```java
import javafx.application.Application;
import javafx.scene.Scene;
import javafx.scene.control.Button;
import javafx.scene.layout.FlowPane;
import javafx.stage.Stage;

public class FlowPaneSample extends Application {
    @Override
    public void start(Stage stage) {
        stage.setTitle("FlowPaneSample");
        Button button[]=new Button[6];
        for(int i=0; i<6; i++) {
            button[i]=new Button("Button-"+i);
            button[i].setPrefWidth(100);
            button[i].setPrefHeight(50);
        }
        FlowPane root=new FlowPane();
        root.getChildren().addAll(button);
        stage.setScene(new Scene(root));
        stage.show();
    }
}
```

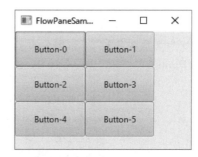

図 **7.8** FlowPaneSample の実行例

図 7.8 には二つの画面がありますが，ウィンドウのサイズを変更したものです．いままで扱ってきたレイアウト法では，Scene のサイズを拡大すると，各コントロールの間に隙間が空きますが，相対的な位置関係は変わりません．一方，FlowPane を用いてレイアウトした場合には，サイズ変更後の Scene サイズでのレイアウトを行いますので，相対的な位置関係が変わる場合があります．表示されたウィンドウのサイズを変えてみてください．

7.4.5 Pane を組み合わせたレイアウト

さらに，より自由にコントロールを配置したい場合には，プログラム 7.9 のように Pane を組み合わせてレイアウトします．

[プログラム **7.9**: ch7/PaneCombination.java]

```java
import javafx.application.Application;
import javafx.scene.Scene;
import javafx.scene.control.Button;
import javafx.scene.control.Label;
import javafx.scene.layout.BorderPane;
import javafx.scene.layout.VBox;
import javafx.stage.Stage;

public class PaneCombination extends Application {

    @Override
    public void start(Stage primaryStage) {
        BorderPane root=new BorderPane();
        Label lbTop=new Label("Border Top Label");
        root.setTop(lbTop);
        Label lbCenter=new Label("Border Center Label");
        root.setCenter(lbCenter);
        Button button[]=new Button[4];
        for(int i=0; i<4; i++) {
            button[i]=new Button("VBox Button"+i);
        }
        VBox vb=new VBox();
        vb.getChildren().addAll(button);
        root.setLeft(vb);
        Scene scene = new Scene(root, 300, 250);

        primaryStage.setTitle("PaneCombination");
        primaryStage.setScene(scene);
        primaryStage.show();
    }
}
```

このプログラム 7.9 の実行例を図 **7.9** に示します．少し見にくいのですが，この画面は BorderPane をベースにつくられています．その Top 位置にはラベル（Border Top Label と

図 **7.9** PaneCombination の実行例

表示されているもの）を，Left 位置には四つのボタン（VBox Button0〜3）を，また Center 位置にもラベル（Border Center Label と表示されているもの）を配置しています．

このように，レイアウトを組み合わせることにより，自由な画面を構成することができます．

7.5　色やフォントの設定

見やすい GUI を作成するためには，コントロールの背景色や表示される文字の色，フォントの大きさを変えたいことがあります．本節では，それらの指定法について述べます．

コントロールのスタイルの変更は，各コントロールの setStyle メソッドで行えます．この例をプログラム 7.10 に示します．ここでは，ボタン二つとラベル一つが表示されています．そのうち，ボタン1はフォントのサイズが 20 画素，背景色は黄色で表示されています．これらの設定が 13 行目で行われています．他のコントロールは指定していないため，フォントや色がデフォルト値で表示されています．このプログラムの実行画面を図 7.10 に示します．

[プログラム 7.10: ch7/FontAndColor.java]

```
1   import javafx.application.Application;
2   import javafx.scene.Scene;
3   import javafx.scene.control.Button;
4   import javafx.scene.control.Label;
5   import javafx.scene.layout.VBox;
6   import javafx.stage.Stage;
7
8   public class FontAndColor extends Application {
9
10      @Override
11      public void start(Stage primaryStage) {
12          Button btn1 = new Button("ボタン１");
13          btn1.setStyle("-fx-font-size:20; -fx-background-color:yellow");
14          Button btn2 = new Button("ボタン２");
15          Label lbl=new Label("ラベル");
16          VBox root = new VBox();
17          root.getChildren().addAll(btn1,btn2,lbl);
18
19          Scene scene = new Scene(root, 200, 150);
20          primaryStage.setTitle("FontAndColor");
21          primaryStage.setScene(scene);
22          primaryStage.show();
23      }
24  }
```

Web ページを記述する HTML では，CSS（cascade style sheet）というファイルに文字の大きさや色を記述することができます．JavaFX でも同様な方法で各コントロールの見栄えの指定を行えます．ここで使われているのはインライン CSS と呼ばれるもので，プログラムの中に記述します．

CSS のコマンドは，つぎの書式で記述されます．

　　　[属性 1]:[値 1]; [属性 2]:[値 2];.....; [属性 N]:[値 N];

つまり，属性の名前とその値をコロンで区切って指定しセミコロンで終了させたものを列挙

130   7. GUIプログラム

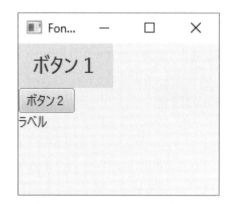

図 7.10 FontAndColor の実行例

図 7.11 CSSSample の実行例

します．CSSの属性は，コントロールごとに多数存在します．そのうち，よく使われるものを表 7.1 に示します．

表 7.1 CSS コマンドの一例

属　　性	値	記　述　例
-fx-font-size	フォントの大きさ	-fx-font-size:20px;
-fx-font-family	フォントの種類	-fx-font-family:"MS Mincho";
-fx-font-style	フォントのスタイル	-fx-font-style:italic;
-fx-underline	下線の有無	-fx-underline:true;
-fx-font-weight	フォントの太さ	-fx-font-weight:bolder;
-fx-background-color	背景色	-fx-background-color:red;
-fx-text-fill	文字色	-fx-text-fill:blue;

色の指定には，色の名前による方法，RGB（red, green, blue の明るさ）値で指定する方法，HSB（hue, saturation, brightness）表色系による方法などがあります．先のプログラム例では，色の名前（red, yellow, black など）で指定しています．色の名前には，150 色程度が用意されています[†]．

文字のサイズは，px（画素数），pt（ポイント，1/72 インチ），pc（パイカ，1pc は 12pt）などで指定します．フォントの種類は，使用する計算機に組み込まれているフォントから指定します．日本語であれば，"MS Mincho"，"MS Cothic" などを，英語であれば（お使いのコンピュータに多数組み込まれていると思いますが）例えば，"Times New Roman"，"SunsSerif Bold" などが指定できます．

CSS はプログラム中にインラインで組み込む使い方の他，ファイルとして用意しておき，実行時にそれを読み込むことによりスタイルを指定する使い方があります．

プログラム 7.11 では先ほどのプログラムから，インラインのスタイル指定を消しました．また，19 行目から 21 行目を追加してあります．この追加部分の働きは，Sheet.css という

[†] 詳しくは，https://docs.oracle.com/javase/jp/8/javafx/api/javafx/scene/doc-files/cssref.html の CSS リファレンスガイドをご覧ください．

7.5 色やフォントの設定

名前で保存されている CSS ファイル（プログラム 7.12）を読み込み scene にその内容を反映させるというものです．CSS ファイルの名前は自由に付けられます．ただし，そのファイル名と 20 行目で読み込むファイル名を一致させなければなりません．

このプログラムの実行例を図 7.11 に示します．

[プログラム 7.11: ch7/CSSSample.java]

```
1   import javafx.application.Application;
2   import javafx.scene.Scene;
3   import javafx.scene.control.Button;
4   import javafx.scene.control.Label;
5   import javafx.scene.layout.VBox;
6   import javafx.stage.Stage;
7
8   public class CSSSample extends Application {
9
10      @Override
11      public void start(Stage stage) {
12          Button btn1 = new Button("ボタン1");
13          Button btn2 = new Button("ボタン2");
14          Label lbl=new Label("ラベル");
15          VBox root = new VBox();
16          root.getChildren().addAll(btn1,btn2,lbl);
17
18          Scene scene = new Scene(root, 300, 250);
19          String style = getClass().
20                  getResource("Sheet.css").toExternalForm();
21          scene.getStylesheets().add(style);
22          stage.setTitle("CSSSample");
23          stage.setScene(scene);
24          stage.show();
25      }
26  }
```

[プログラム 7.12: ch7/Sheet.css]

```
1   .root {
2       -fx-font-size:40px;
3       -fx-font-family:"MS Mincho";
4   }
5   .label {
6       -fx-background-color: black;
7       -fx-text-fill: white;
8   }
9   .button {
10      -fx-background-color: yellow;
11      -fx-text-fill: blue;
12  }
```

1 行目の .root はセレクタ（selector）と呼ばれるもので，以下の中括弧で囲んだ部分を適用する対象を表します．ここでは，シーンツリーに登録されているすべてのコントロールに対して適用するスタイルを示しています．この指定により，すべての文字は 40 画素サイズの明朝体で表示されています．5 行目の .label はすべてのラベルに対するスタイルの指定です．背景色を黒，文字の色を白に設定しています．9 行目の .button はすべてのボタンに対

するスタイル指定です．ここでは背景色を黄色に，文字の色を青に設定しています．この実行例を図 7.11 に示します．

プログラム 7.12 の内容を変更すれば，プログラム 7.11 を再度コンパイルすることなく，スタイルを変更できます．また，プログラム中に，CSS の内容をインラインで埋め込んだ場合，プログラムの流れが見にくいものになります．そこで，JavaFX による GUI プログラムでは，処理の流れと見栄えを分離して記述することが推奨されています．

一方，色を指定するために，Color（javafx.scene.paint.Color）クラスがあります．このクラスは，図形や文字の描画色や背景色を指定するために用いられます．色の指定法には，本節の css での指定法のように，色の名前の他，RGB 値（0〜255 の範囲）で指定します．例えば

```
Color c1=Color.RED;//赤
Color c2=new Color(0,255,0);//緑
```

のように指定します．この使用例は 9 章で述べます．

章 末 問 題

【1】 以下の各文のうち，間違っているものをすべて選びなさい．
(1) BorderPane は，CENTER，TOP，BOTTOM，LEFT，RIGHT の五つの位置にそれぞれコンポーネントを配置するが，これらのすべての位置には必ずコンポーネントが指定されていなければならない．
(2) GridPane では，フレームのサイズを変えてもコンポーネント間の相対的な位置関係は変わらない．
(3) Button が押されたときの動作を記述するイベントハンドラは，その Button が作成されたクラスに書かれなければならない．
(4) Button に表示される文字列は，作成時に指定できる他，後で表示される文字列を変更することもできる．
(5) レイアウトに登録されなかったコントロールは，すべてのコントロールの親となる Scene 上に配置される．

【2】 下のプログラムを実行したところ，フレームがまったく表示されなかった．その理由と最低限追加すべき文を答えなさい．ただし，import 文はすべて省略している．

```
public class WindowApp extends Application {
    public void start(Stage stage) {
        Button btn=new Button("ボタン");
        Label lb=new Label("ラベル");
        VBox root=new VBox();
        root.getChildren().addAll(btn,lb);
        Scene scene=new Scene(root,200,100);
        stage.setScene(scene);
    }
```

　　　　}
【3】以下の (1)〜(3) のコントロールの配置を実現するために最も適したレイアウトを〔選択肢〕の中から選びなさい．ただし (2) については全体とサムネイルの配置に適したものをそれぞれ選びなさい．
(1) ラベルを横一列に並べたい．
(2) 画面中に写真を表示し，その写真の下に写真の説明文を表示するラベルを配置したい．さらに，画面の右側には同じフォルダ内に含まれる画像のサムネイル（縮小した画像）を縦一列に配置したい．
(3) 電話番号を入力する画面をつくりたい．0 から 9 までの数字と三つの記号をそれぞれ張り付けたボタンを携帯電話のように配置したい．
〔選択肢〕　(a)　GridPane　　(b)　HBox　　(c)　VBox　　(d)　BorderPane
　　　　　(e)　FlowPane

【4】図 **7.12**（a）のようにボタンを縦に三つ配置しようとした．しかし，フレームの横幅を広げたところ，図（b）に示すように横 1 列に配置されてしまった．
(1) このプログラムのレイアウトにはなにを用いていたか答えなさい．
(2) フレームの横幅が広げられてもボタンが縦 3 列に配置されるようにするために行うべきことを具体的に答えなさい．

（a）

（b）

図 **7.12**　問題【4】の図

演　　　習

7.1 以下の各設問に答えなさい．
(1) 図 **7.13** に示す電卓の画面をつくりなさい．BorderPane を用いて，画面上部（TOP）には入力した数字や結果が表示される Label を置き，その下には GridPane を配置しなさい．さらに，GridPane の中には 4 行 4 列に各ボタンを配置しなさい．
(2) ボタンを押すことにより入力された数式をラベル上に表示する機能を実現しなさい．
ただし，ここでは計算機能の実現は求めない．また，文字サイズやフォントなどの指定も省略してよい．

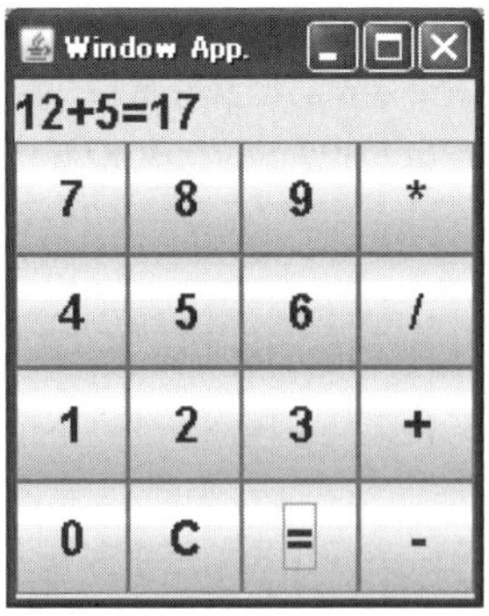

図 7.13 電卓の画面

8 さまざまなコントロール

Java Programming

前章では，JavaFX のコントロールのうち，Label と Button について述べました．本章では，その他の有益なコントロールについて述べます．ここで述べるコントロールは，特に述べない場合はすべてパッケージ javafx.scene.control に含まれています．

8.1 チェックボックス

いくつかの項目が提示され，それらの各項目を選択するか，しないかを選びたい場合があります．そのためにチェックボックス（CheckBox）が使われます．プログラム 8.1 に，チェックボックスを用いた例を示します．

[プログラム 8.1: ch8/CheckBoxSample.java]

```
1   import javafx.application.Application;
2   import javafx.scene.Scene;
3   import javafx.scene.control.CheckBox;
4   import javafx.scene.control.Label;
5   import javafx.scene.layout.VBox;
6   import javafx.stage.Stage;
7
8   public class CheckBoxSample extends Application {
9       Label lb1 = new Label("好きなフルーツを選択してください");
10      Label lb2 = new Label();
11      CheckBox ch1 = new CheckBox("リンゴ");
12      CheckBox ch2 = new CheckBox("バナナ");
13      CheckBox ch3 = new CheckBox("オレンジ");
14
15      @Override
16      public void start(Stage stage) {
17          VBox root = new VBox();
18          ch1.setOnAction(event -> favoriteFruits());
19          ch2.setOnAction(event -> favoriteFruits());
20          ch3.setOnAction(event -> favoriteFruits());
21          root.getChildren().addAll(lb1,ch1, ch2, ch3, lb2);
22          Scene scene = new Scene(root, 250, 100);
23          stage.setTitle("CheckBoxSample");
24          stage.setScene(scene);
25          stage.show();
26      }
27
```

```
28      void favoriteFruits() {
29          String s = "";
30          if(ch1.isSelected())   s+="リンゴ, ";
31          if(ch2.isSelected()) s+="バナナ, ";
32          if(ch3.isSelected()) s+="オレンジ,";
33          if(s.equals(""))
34              lb2.setText("この中に好きなフルーツはありません. ");
35          else
36              lb2.setText("好きなフルーツは" + s + "です. ");
37      }
38  }
```

このプログラムを起動すると，図 8.1（a）の画面が表示されます．リンゴ，バナナ，オレンジと書かれた行の左側の四角内をマウスでクリックすると，チェックマークが入ります．また，クリックと同時に，チェックボックスの下に選ばれたものが表示されます（図（b））．

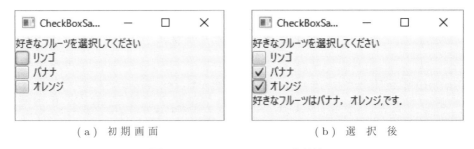

(a) 初期画面　　　　　　　　　　　　(b) 選択後

図 8.1　CheckBoxSample の実行例

チェックボックスでは，項目が選択されると ActionEvent が発生します．これは，7.3 節で述べたボタンと同じです．このイベントはチェックが入ったときと，再びクリックされることによりチェックが外れた場合，つまり状態の変化があった場合につねに発生します．

18 行目から 20 行目では各チェックボックスに対して，setOnAction メソッドでリスナーメソッドを設定しています．ここではラムダ式を用いています．この意味は，event（型はActionEvent）に対して favoriteFrutes() メソッドを呼び出すということです．

28 行目からは favoriteFrutes メソッドが書かれています．チェックボックスの状態に変化があったとき，結果的にこのメソッドが呼び出されることになりますが，各チェックボックスが選択されているか，されていないかの判定は，isSelected() メソッドで行います．true であれば，そのチェックボックスが選択されていることを示し，false であれば選択されていないことを示しています．if 文で各チェックボックスの選択状態を調べ，true の場合にはそのチェックボックスに対応する文字列を s に追加しています．最後に 34 行目と 36 行目で s の状態（空の文字列か否か）に合わせたメッセージをラベル（lb）に表示しています．

8.2 ラジオボタン

　複数のチェックボックスが存在するとき，あるチェックボックスは他のチェックボックスとは関係なく自由に選択したりしなかったりできました．しかし実際の応用では，いくつかのチェックボックスのうち，つねにただ一つのチェックボックスのみが選択できるようにしたいことがあります．例えば，「男」，「女」のいずれかを選ばせたり，年齢層や住んでいる都道府県を選ばせたりする場合です．このような場合には**ラジオボタン**（RadioButton）を用います．

　ラジオボタンでは，同じグループ内のボタンを一つだけ選択できるようにするために，ボタンのグループ化が必要になります．これはToggleGroupというコントロールで行います．

　ラジオボタンの使用例をプログラム8.2に示します．また，このプログラムの実行例を図8.2に示します．この図は，「2年生」というボタンが選ばれたときの結果です．ボタンの形がチェックボックスの場合と異なり，円で表示されます．また，このプログラムを動かしてみると，別のボタンを選んだとき，直前まで選ばれていたボタンの選択が消えることがわかると思います．

[プログラム 8.2: **ch8/RadioButtonSample.java**]

```
1   import javafx.application.Application;
2   import javafx.event.ActionEvent;
3   import javafx.scene.Scene;
4   import javafx.scene.control.Button;
5   import javafx.scene.control.Label;
6   import javafx.scene.control.RadioButton;
7   import javafx.scene.control.ToggleGroup;
8   import javafx.scene.layout.VBox;
9   import javafx.stage.Stage;
10
11  public class RadioButtonSample extends Application {
12      Label lb1 = new Label("学年を選択してください");
13      RadioButton rb1 = new RadioButton("1年生");
14      RadioButton rb2 = new RadioButton("2年生");
15      RadioButton rb3 = new RadioButton("3年生");
16      RadioButton rb4 = new RadioButton("4年生");
17      Label lb2 = new Label();
18
19      @Override
20      public void start(Stage stage) {
21          ToggleGroup tg = new ToggleGroup();
22          rb1.setToggleGroup(tg);
23          rb2.setToggleGroup(tg);
24          rb3.setToggleGroup(tg);
25          rb4.setToggleGroup(tg);
26          rb1.setOnAction(event -> changeSelection(event));
27          rb2.setOnAction(event -> changeSelection(event));
28          rb3.setOnAction(event -> changeSelection(event));
29          rb4.setOnAction(event -> changeSelection(event));
30          VBox root = new VBox();
31          root.getChildren().addAll(lb1,rb1,rb2,rb3,rb4,lb2);
```

```
32
33              Scene scene = new Scene(root, 200, 120);
34              stage.setTitle("RadioButtonSample");
35              stage.setScene(scene);
36              stage.show();
37          }
38
39          void changeSelection(ActionEvent event) {
40              String source = ((RadioButton) event.getSource()).getText();
41              lb2.setText(source + "が選択されました. ");
42          }
43      }
```

図 8.2 RadioButtonSample の表示例

13 行目から 16 行目までで，四つの RadioButton を作成しました．21 行目では Toggle Group を作成しました．22 行目から 25 行目では，そこに四つのラジオボタンを登録しています．これにより，四つのラジオボタンの中から同時にはただ一つのボタンのみが選択可能になります．一つの画面の中に，このようなグループを複数つくることも可能です．その場合には，異なるグループごとに，同時には一つのボタンが選択可能になります．26 行目からの 4 行では，ボタンが押されたときに起動するメソッドを，各ボタンに登録しています．ラジオボタンが選択されたときに発生するイベントも ActioEvent です．したがって，setOnAction メソッドでイベントハンドラを登録します．

39 行目からが，登録する関数の本体です．この部分は，プログラム 8.1 の favoiteFrutes と同じように書くこともできます．つまり，それぞれのラジオボタンについて isChecked メソッドでチェックが入っているかを確認し，チェックされているボタンに対応するメッセージを出力する方法です．ここでは別の方法を用いた例を示しています．引数で渡される event にはどのボタンから発生したかの情報が含まれています．((RadioButton)event.getSource()) の部分でそれを取り出しています．さらに，getText() でそのボタンに表示されている文字列を取り出しています．

8.3 テキストフィールド

　GUI 上では，メールアドレスやパスワードなど，1 行程度に収まる比較的短い文字列を入力したいことがあります．この目的に適したコントロールが**テキストフィールド**（TextField）です．プログラム 8.3 にテキストフィールドを二つ用いたサンプルプログラムを示します．図 **8.3** のようにこのプログラムでは，上のテキストフィールドに文字を入力し，改行キー（Enter キー）を押すと，下のテキストフィールドに，文字がすべて大文字に変えられて表示されます．

[プログラム 8.3: ch8/TextFieldSample.java]

```
1    import javafx.application.Application;
2    import javafx.scene.Scene;
3    import javafx.scene.control.TextField;
4    import javafx.scene.layout.VBox;
5    import javafx.stage.Stage;
6
7    public class TextFieldSample extends Application {
8        TextField txt1 = new TextField();
9        TextField txt2 = new TextField();
10
11       @Override
12       public void start(Stage stage) {
13           txt1.setOnAction(event -> textCopy());
14           VBox root = new VBox();
15           root.getChildren().addAll(txt1, txt2);
16           Scene scene = new Scene(root, 200, 60);
17           stage.setTitle("TextFieldSample");
18           stage.setScene(scene);
19           stage.show();
20       }
21
22       void textCopy() {
23           String s=txt1.getText();
24           txt2.setText(s.toUpperCase());
25       }
26   }
```

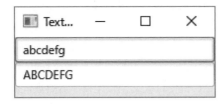

図 **8.3**　テキストフィールドの実行例

　8 行目と 9 行目で二つのテキストフィールドをつくっています．13 行目では txt1（上に表示されるテキストフィールド）にイベントハンドラを設定しています．つまり，txt1 に対して ActionEvent が発生したときには textCopy() を呼び出せ，という意味です．テキストフィールドは改行キーを押したときに，ボタンなどと同じ ActionEvent が発生します．そこ

で，リスナーは`setOnAction`メソッドで指定します．ここで設定しているラムダ式では，イベントが発生したとき，textCopy()メソッドを呼び出しています．

textCopy()メソッドは22行目以降に書かれています．まず，23行目で上のテキストフィールド（txt1）の文字列を得て，24行目でその文字列をすべて大文字に変換（toUpperCase）し，それを下のテキストフィールド（txt2）に設定しています．

8.4 テキストエリア

テキストフィールドは改行キーを押下した時点でイベントが発生するため，行変えを伴う複数行のテキストを入力することができません．もっと長い文章を入力したり，編集したりできるコントロールが**テキストエリア**（TextArea）です．図8.4に画面例を示します．

図 8.4 TextAreaSample の実行例

この例は，テキストエリア内に英文字を入力し，下の「大文字に変換」ボタンを押下すると，テキストエリア内の文字がすべて大文字に変換されるというものです．大文字は大文字のまま，数字などのアルファベットでない文字は元のままです．テキストエリアに表示されているサイズでは表示できないほどの多くの行が入力されたとき，テキストエリアの右側にスクロールバーが表示されます．一方，一つの行に表示しきれないほど多くの文字が1行に入力された場合には，テキストエリアの下側に横方向のスクロールバーが表示されます．

テキストエリアでは複数行を入力可能なため，改行キーでイベントを発生させることは意味がありません．テキストを入力し終わった段階でなんらかの処理を行う使い方がほとんどです．そこで，この例では処理を開始するためのボタンが配置されています．ボタンを押したときのActionEventでなんらかの処理（この例では大文字に変換する処理）を実行します．

プログラム8.4の14行目ではボタンが押されたとき，`toUpperCase()`メソッドが起動するように設定しました．このメソッドの定義は23行目からです．TextAreaから読みだされた文字列を，Stringの`toUpperCase()`で大文字に変換し，それをテキストエリアに戻しています．結果的に，テキストエリアに表示されている文字は大文字に変わります．

[プログラム 8.4: ch8/TextAreaSample.java]

```
1   import javafx.application.Application;
2   import javafx.scene.Scene;
3   import javafx.scene.control.Button;
4   import javafx.scene.control.TextArea;
5   import javafx.scene.layout.VBox;
6   import javafx.stage.Stage;
7
8   public class TextAreaSample extends Application {
9       TextArea txa=new TextArea();
10
11      @Override
12      public void start(Stage stage) {
13          Button btn = new Button("大文字に変換");
14          btn.setOnAction(event -> toUpperCase());
15          VBox root=new VBox();
16          root.getChildren().addAll(txa,btn);
17          Scene scene = new Scene(root, 300, 250);
18
19          stage.setTitle("TextAreaSample");
20          stage.setScene(scene);
21          stage.show();
22      }
23      void toUpperCase() {
24          String s=txa.getText();
25          txa.setText(s.toUpperCase());
26      }
27  }
```

8.5 コンボボックス

あらかじめ項目をメニューに登録しておき，その中から一つを選択したい場合があります．その際に用いられるのが**コンボボックス**（ComboBox）です．図 **8.5** にアプリケーションの例を示します．

画面上で，右側に下向きの三角形が付いたテキストフィールドのような形状をしているのが文字を入力する部分です．その三角形部分をクリックすると，テキストフィールドの下に，選択リストが表示されます．その中から一つをマウスで選択すると，選択された項目がタイ

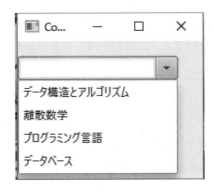

図 **8.5** ComboBoxSample の実行例

トルバー直下のラベルに表示されます．コンボボックスは，つねに選択リストから選ばなければならないわけではありません．テキストフィールド部分に任意の項目を直接入力した場合には，その入力項目がラベルに表示されます．つまり，コンボボックスは，定型的な選択肢を選択リストの形で用意しておき，通常はその中から選択しますが，特殊な値を入力したい場合には，その値を自由に入力することができる，効率性と柔軟性を兼ね備えたコントロールです．この画面のプログラムをプログラム 8.5 に示します．

[プログラム 8.5: ch8/ComboBoxSample.java]

```
1   import javafx.application.Application;
2   import javafx.scene.Scene;
3   import javafx.scene.control.ComboBox;
4   import javafx.scene.control.Label;
5   import javafx.scene.layout.VBox;
6   import javafx.stage.Stage;
7
8   public class ComboBoxSample extends Application {
9       Label lb = new Label();
10      @Override
11      public void start(Stage stage) {
12          ComboBox<String> cb = new ComboBox<>();
13          String[] str = {"データ構造とアルゴリズム","離散数学",
14                          "プログラミング言語","データベース"};
15          cb.getItems().addAll(str);
16          cb.setEditable(true);
17          cb.setOnAction(event -> setLabel(cb.getValue()));
18          VBox root = new VBox();
19          root.getChildren().addAll(lb,cb);
20          Scene scene = new Scene(root, 200, 150);
21
22          stage.setTitle("ComboBoxSample");
23          stage.setScene(scene);
24          stage.show();
25      }
26
27      void setLabel(String s) {
28          lb.setText(s);
29      }
30  }
```

12 行目でコンボボックスを作成しています．13 行目と 14 行目は，選択リストに表示される文字列を設定している部分です．15 行目で，コンボボックスに表示文字列を設定しています．ここで行っている処理は，レイアウトへの登録でもよく表れた形です．登録するオブジェクトへの参照を得て（getItem()）そこに addAll メソッドで登録します．

16 行目で Editable に true を設定しています．これにより，コンボボックスのテキストフィールド部分に直接入力が可能になります．ここを false に設定した場合には，テキストフィールド部分への入力ができなくなります．

17 行目はコンボボックスへのイベントハンドラの設定です．ここでは，文字列がテキストフィールド部分に入力された，または選択リストの中から項目が選択されたとき，Action-Event が発生し，そのときに実行するメソッド（setLabel）を登録しています．ここで引数

の cb.getValue() は，コンボボックスで選択された文字列を得ている部分です．start メソッド内の残りの行はいままでに繰り返し出てきた処理です．

ComboBox に似たコンポーネントとして，TextField 部分がない，ChoiceBox もあります．

8.6　プルダウンメニュー

タイトルバーの下にメニューを配置し，そのうちの一つを選択すると**プルダウンメニュー**が表れる方式が，多くのアプリケーションでとられています．プルダウンメニューは通常は隠されており，タイトルバーの直下に配置されるメニューバー（もし複数のメニューがあればその中の一つ）をクリックすることにより表れます．さらに，プルダウンメニューに表示されている項目の中から一つを選択することにより，その項目に対応する動作が実行されます．

プルダウンメニューの例を**図 8.6**に示します．図 (a) ではタイトルバーの直下（この部分をメニューバーと呼びます）に「ファイル」メニューがあります．この例では，メニュー項目が「ファイル」一つですが，複数の項目を設定できます．これをクリックすると，図 (b)のようにメニューが表示されます．上から 2 番目の項目「サブメニュー」には右端に三角形が表示されていますが，この部分をクリックするとさらにサブメニューが現れます．このようにプルダウンメニューは階層的に構成することもできます．

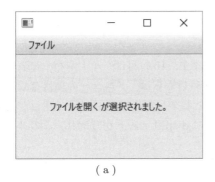 

(a)　　　　　　　　　　　　　　(b)

図 8.6　MenuSample の実行例

この画面のプログラムをプログラム 8.6 に示します．

[プログラム 8.6: ch8/MenuSample.java]

```
1   import javafx.application.Application;
2   import javafx.scene.Scene;
3   import javafx.scene.control.Label;
4   import javafx.scene.control.Menu;
5   import javafx.scene.control.MenuBar;
6   import javafx.scene.control.MenuItem;
7   import javafx.scene.layout.BorderPane;
8   import javafx.stage.Stage;
9
10  public class MenuSample extends Application {
11      Label lb = new Label();
```

```
12
13          @Override
14          public void start(Stage stage) {
15              MenuBar mb = new MenuBar();
16              Menu fileMenu = new Menu("ファイル");
17              MenuItem fileOpen = new MenuItem("ファイルを開く");
18              fileOpen.setOnAction(event -> dispMessage("ファイルを開く"));
19              Menu subMenu=new Menu("サブメニュー");
20              MenuItem sub1=new MenuItem("SubMenu-1");
21              sub1.setOnAction(event ->dispMessage("SubItem-1"));
22              MenuItem sub2=new MenuItem("SubMenu-2");
23              sub2.setOnAction(event ->dispMessage("SubItem-2"));
24              subMenu.getItems().addAll(sub1,sub2);
25              MenuItem exit = new MenuItem("終了");
26              exit.setOnAction(event -> System.exit(0));
27              fileMenu.getItems().addAll(fileOpen, subMenu,exit);
28              mb.getMenus().addAll(fileMenu);
29              BorderPane root = new BorderPane();
30              root.setTop(mb);
31              root.setCenter(lb);
32              Scene scene = new Scene(root,300,200);
33              stage.setScene(scene);
34              stage.show();
35          }
36
37          private void dispMessage(String str) {
38              lb.setText(str + " が選択されました。");
39          }
40      }
```

15行目ではMenuBarのオブジェクトをつくります．16行目はタイトルバーに表示されるメニュー名を「ファイル」に指定しています．17行目からは，メニューの項目を設定しています．最初のメニュー項目は「ファイルを開く」としました．18行目はその項目が選択された場合のアクションを設定しています．この例ではdispMessageが呼ばれ，このメソッドの引数の文字列を画面中央に表示しています．

19行目は2番目のメニュー項目を「サブメニュー」としています．20行目からは二つのMenuItemをつくり，24行目で，それらをsubMenuに登録しています．あるメニュー項目（MenuItem）に下位のメニューを登録して，メニューを階層的に構築するためにはこのように記述します．25行目は3番目の項目「終了」をつくり，26行目でこの項目が選択されたときの処理を登録しています．ここでは，System.exit(0)を実行していますが，これはプログラムを終了させる処理です．27行目は三つのメニュー項目をMenuに登録しています．さらに，28行目でMenuをMenuBarに登録しています．

全体のレイアウトにはBorderLayoutを使っています．そのTopにメニューバーを，Centerに選択されたメニューを表示するラベルを配置しています．

8.7 スライダ

いままでは，文字列を入力したり，選択したりする方法を述べてきましたが，ある定めら

れた範囲内で数値を指定したい場合もあります．そのような場合に便利なコンポーネントが**スライダ**（slider）です．

図 8.7 が，スライダを用いた画面例です．横に長いスリットの部分をトラックと呼びます．また，トラック上にある円形の部分をサムと呼びます．サムをトラック上で横方向にドラッグするか，トラック上でクリックすることにより，その位置に対応する値を取得できます．

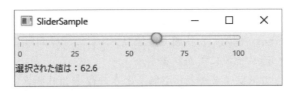

図 8.7　SliderSample の画面例

この例では，トラックの左端（最小値）が 0，右端（最大値）が 100 になっていますが，これらの値は自由に設定できます．また，目盛の幅や，目盛に表示されている数値の個数も目的に合わせて設定を変えられます．

プログラム 8.7 にこのプログラムを示します．

[プログラム 8.7: ch8/SliderSample.java]

```
1    import javafx.application.Application;
2    import javafx.beans.value.ChangeListener;
3    import javafx.beans.value.ObservableValue;
4    import javafx.scene.Scene;
5    import javafx.scene.control.Label;
6    import javafx.scene.control.Slider;
7    import javafx.scene.layout.VBox;
8    import javafx.stage.Stage;
9
10   public class SliderSample extends Application {
11       Slider slider = new Slider(0, 100, 50);
12       Label lb = new Label("ここbに値が表示されます");
13
14       @Override
15       public void start(Stage stage) {
16           slider.setMaxWidth(300);
17           slider.setShowTickMarks(true);
18           slider.setShowTickLabels(true);
19           slider.setMajorTickUnit(25.0);
20           slider.valueProperty().addListener(new ChangeListener<Number>() {
21               public void changed(ObservableValue<? extends Number> ov,
22                       Number old_val, Number new_val) {
23                   String s=String.format("%4.1f",slider.getValue());
24                   lb.setText("選択された値は：" + s);
25               }
26           });
27           VBox root = new VBox();
28           root.getChildren().addAll(slider, lb);
29
30           Scene scene = new Scene(root, 350, 70);
31
32           stage.setTitle("SliderSample");
```

```
33            stage.setScene(scene);
34            stage.show();
35        }
36    }
```

11 行目で Slider のオブジェクトをつくっています．Slider のコンストラクタの三つの引数はそれぞれつぎの意味をもちます．まず，最初の引数は得られる値の最小値です．ここではそれを 0 に設定しています．2 番目の引数は最大値です．ここでは 100 に設定されています．3 番目の引数は，表示が開始した状態での値です．ここでは 50 に設定しているため，表示の開始時にはサムが 50 の位置に置かれます．

16 行目では，画面上でスライダが表示されるときの幅を 300 画素に設定しています．17 行目と 18 行目は，それぞれ目盛を表示することと，目盛の値を表示することを設定しています．19 行目は目盛の値を 25 ごとに表示する設定です．

20 行目ではスライダの値が変更されたときに呼び出されるイベントハンドラを設定している部分です．ChangeListener の change メソッドをオーバーライドしています．ここで実際に行っている処理は，23 行目と 24 行目です．slider の現在の値を得て（getValue()），その値をラベル (lb) に表示しています．

8.8 FXML

いままで提示してきたプログラムでは，GUI 画面のデザインと，プログラム制御（ロジック）の部分が一緒に書かれてきました．最近のプログラミングスタイルは，これら両者を分離して記述する傾向にあります．画面デザインはユーザの好みに合わせて変更したい場合が多いためです．7.5 節で扱った CSS でも画面の見栄えに関する部分を CSS ファイルとして分離しました．

JavaFX では，**FXML** というファイルにコントロールの配置や属性に関する記述を行うことができます．FXML は XML（extensible markup language）という言語でデザインを記述します．まず，プログラム 7.2 の画面構成に関する部分を FXML を用いて書き換えた例をプログラム 8.8 に示します．

[プログラム 8.8: ch8/FXMLDocument.fxml]

```
1   <?xml version="1.0" encoding="UTF-8"?>
2
3   <?import java.lang.*?>
4   <?import java.util.*?>
5   <?import javafx.scene.*?>
6   <?import javafx.scene.control.*?>
7   <?import javafx.scene.layout.*?>
8
9   <VBox id="VBox" prefHeight="100" prefWidth="250"
10       xmlns:fx="http://javafx.com/fxml/1" fx:controller="FXMLSample">
11      <children>
12          <Label prefHeight="50" prefWidth="250" fx:id="label" />
13          <Button prefHeight="50" prefWidth="250" text="Click Me"
```

```
14            onAction="#handle" fx:id="button" />
15      </children>
16  </VBox>
```

1 行目は XML のヘッダ行です．つねにこのように記述します．3 行目から 7 行目は java クラスのインポート文です．多くの場合，この程度のインポートで十分です．9 行目から画面構成に関する具体的な記述が始まります．

XML の文法の詳細をここでは述べませんが，以下の知識があれば十分です．

- 9 行目の<VBox>を開始タグと呼び，16 行目の</VBox>のようにスラッシュ（/）が付いたタグを終了タグと呼びます．開始タグから終了タグまでの範囲を要素と呼びます．
- 開始タグには，属性を記述できます．それらは開始タグの名前の後，>までの間に記述します．したがって，9 行目の id="VBox"から，10 行目の>の直前までが属性です．属性は，属性名（例えば id）と属性値（例えば"VBox"）を＝で挟んで記述します．
- 要素の開始タグと終了タグの間に他の要素を入れ子にして記述できます．11 行目の children は VBox 内の子要素です．さらに 12 行目の Label，13 行目の Button は Children の子要素です．
- 要素が他の要素を中に含まないときには，終了タグを省略できます．その際には，必ず開始タグを/>のようにスラッシュを付けて閉じます．12 行目と 13 行目の Label と Button は子要素を内に含んでいないため，この形で終了しています．

さて，プログラム 8.8 の内容と，プログラム 7.2 の内容を比較してください．プログラム 7.2 では 14 行目で Label をつくり，15 行目でそのサイズを設定しています．プログラム 8.8 の 12 行目がそれに対応します．Label のサイズを属性で設定しています．3 番目の属性 fx:id="label"は，このラベルに対して label という名前を付けています．このラベルはプログラム 8.9 の側で参照します．

プログラム 7.2 の 16 行目から 19 行目では Button を作成し，そのサイズを設定し，さらにボタンが押されたときに発生する Action イベントに対する動作を設定しています．一方，プログラム 8.8 の FXML では 13 行目と 14 行目でそれに対応する記述をしています．3 番目属性 text はボタンに表示される文字列の指定，14 行目の onAction はイベントが発生したときのメソッドの指定です．ここでは#handle のように，#記号から始まっていますが，これはメソッド名であることを示しています．

プログラム 7.2 の 25 行目と 26 行目では，コンテナ VBox をつくり，その子要素としてラベルとボタンを入れています．プログラム 8.8 では 11 行目からの children タグの中に，Label と Button が要素として入れられています．さらに，その children は VBox の中に入れられています．

以上が FXML で記述したレイアウトに関する記述です．つぎに，プログラム 8.9 に書かれた Java プログラムを説明します．

[プログラム 8.9: ch8/FXMLSample.java]

```
1   import javafx.application.Application;
2   import javafx.event.ActionEvent;
3   import javafx.fxml.FXML;
```

```
4    import javafx.fxml.FXMLLoader;
5    import javafx.scene.Parent;
6    import javafx.scene.Scene;
7    import javafx.scene.control.Label;
8    import javafx.stage.Stage;
9
10   public class FXMLSample extends Application {
11       @FXML
12       private Label label;
13       @Override
14       public void start(Stage stage) throws Exception {
15           Parent root = FXMLLoader.load(getClass().
16                               getResource("FXMLDocument.fxml"));
17           Scene scene = new Scene(root);
18           stage.setTitle("FXMLSample");
19           stage.setScene(scene);
20           stage.show();
21       }
22       @FXML
23       void handle(ActionEvent event) {
24           label.setText("Hello World!");
25       }
26   }
```

画面レイアウトの記述がないため，シンプルになっています．11行目と22行目に書かれたアノテーション（@FXML）は，プログラム8.8の記述と結び付けるためのものです．labelやhandleはFXMLで定義されていたり参照されています．

15行目では，FXMLファイルをロードしています．ここで重要なことは，つぎの2点です．(1) ここでは，FXMLファイルで記述されたシーングラフの根ノードが返される．(2) getResourceの引数にFXMLファイル名を指定する．ここで返されるオブジェクトがシーングラフの根ノードであるため，17行目ではSceneのコンストラクタの引数として，それを設定しています．また，(2)から，FXMLのファイル名は自由に決めてよく，その名前をここで指定すればよいことがわかります．

章 末 問 題

【1】以下の記述のうち，誤っているものをすべて選び，記号で答えなさい．
　　(1) テキストフィールド（TextField）は複数の行を入力するために用いる．
　　(2) RadioButtonは一度に一つの項目しか選択できない．
　　(3) ComboBoxを用いると，あらかじめリストに登録されていない項目を入力できる．
　　(4) GUI画面に表示されるコントロールはシーングラフに登録しなければならない．
　　(5) CSSはコントロールを配置するために用いられる．

【2】チェックボックスとラジオボタンの違いを利用例を挙げて説明しなさい．

【3】以下のプログラムは，TextFieldに入力された文字数を数え，Labelに表示するものである．（a）〜（d）に入る文を答えなさい．ただし，import文はすべて省略している．

```
1  public class Prog1 extends Application {
```

```
 2      TextField tf = new TextField();
 3      Label lb= ( a );
 4      @Override
 5      public void start(Stage stage) {
 6          tf.setOnAction( ( b ) );
 7          VBox root=new VBox();
 8          root.getChildren().addAll( ( c ));
 9          Scene scene=new Scene(root,200,100);
10          stage.setScene(scene);
11          stage.show();
12      }
13      void charCount() {
14          String s= ( d );
15          lb.setText("文字数は "+s.length()+" 文字");
16      }
17  }
```

演 習

8.1 図 8.8 は二つのグループのラジオボタンと，一つのラベルを配置している．一つのラジオボタンのグループは都道府県名が表示されており，もう一つのグループには人口と面積という選択肢が表示されている．上のグループから都道府県を選び，下のグループから表示させる属性を選んだとき，最下のラベルに図のように表示されるプログラムをつくりなさい．

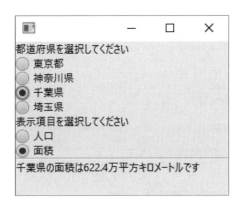

図 8.8 画 面 例

9 図形の描画

Java Programming

GUI コントロールには文字の他，図形や画像を表示することができます．本章では，まずコントロールへの図形描画について述べます．つぎに，マウスやキーボードからのイベントを処理する方法について述べます．これによりマウスを用いた描画や，画面上での位置の入力が可能となります．最後に，画像データの表示法について説明します．

9.1 Shape

JavaFX には，Shape と呼ばれる図形のクラスがあります．例えば，四角形の Rectangle, 円の Circle, 楕円の Ellipse, 直線の Line, 円弧の Arc, 多角形の Polygon, 折れ線の Polyline, 曲線の QuadCurve などです．これらの Shape を用いることにより，ウィンドウ中に簡単に図形を描画できます．

プログラム 9.1 に Shape を用いたプログラム例を，図 9.1 にその表示例を示します．

[プログラム 9.1: ch9/ShapeSample.java]

```
1   import javafx.application.Application;
2   import javafx.scene.Group;
3   import javafx.scene.Scene;
4   import javafx.scene.shape.Circle;
5   import javafx.scene.shape.Rectangle;
6   import javafx.stage.Stage;
7   import javafx.scene.paint.Color;
8
9   public class ShapeSample extends Application {
10
11      @Override
12      public void start(Stage primaryStage) {
13          Group root=new Group();
14          Rectangle rect=new Rectangle(10.0,10.0,80.0,80.0);
15          rect.setFill(Color.GRAY);
16          Circle circ=new Circle(150.0,50.0,40.0);
17          circ.setFill(Color.GRAY);
18          root.getChildren().addAll(rect,circ);
19          Scene scene = new Scene(root,200,100);
20
21          primaryStage.setTitle("ShapeSample");
22          primaryStage.setScene(scene);
```

```
23              primaryStage.show();
24          }
25      }
```

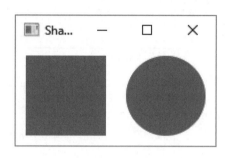

図 9.1 ShapeSample の実行例

ここでは，Shape の表示位置を容易に指定するために，Group をコンテナとして使っています．ここで 7 章で説明したレイアウトを使うと，意図した位置に図形を表示できません．そこで，Group を使う必要があります．14 行目では四角形（Rectangle）のオブジェクトを作成しています．ここで引数は，横位置，縦位置，横幅，高さを表します．これらの引数はすべて double 型です．したがって，この例では，画面の左上隅から縦横 10 画素の位置に四角形の左上隅を置き，幅と高さがそれぞれ 80 画素の四角形がつくられます．つくられた四角形は黒で塗りつぶされたものになるため，15 行目で塗りつぶし色を灰色に指定しています．ここで用いている Color クラスについては，7.5 節で説明しました．

16 行目では円（Circle）のオブジェクトをつくっています．Circle のコンストラクタは三つの引数をもっていますが，それぞれ縦横の中心座標と円の半径です．ここでは，中心座標が (150,50) で半径が 40 画素の円を作成しています．

9.2 GraphicsContext2D を用いた描画

前節で述べた Shape は一つずつがクラスオブジェクトであるため，作成した後で位置やサイズなどの属性を変更することができます．しかし，大量の図形を単に画面に表示したいという使い方も必要になります．その際には，図形を画像として表示するためのコンポーネントである Canvas （javafx.scene.canvas.Canvas）と GraphicsContext オブジェクトを用います．

Canvas は画像や図形などを描画する際に用いるコントロールです．また，グラフィックコンテキスト（以下 GC と略します）には，多数の描画ツールが含まれています．この GC の描画ツールを用いて，Canvas 上に描画することで複雑な図も描くことができます．**表 9.1** に GC に含まれているメソッドのうち，よく用いられるものを示します．なお，この表中のすべてのメソッドの戻り値は void です．

図 9.2 は，GC を用いて描画した例を示します．また，プログラム 9.2 にそのプログラムを示します．ここでは 9 行目で Canvas を作成しています．二つの引数は Canvas の大きさを画素数で指定するものです．14 行目の draw() の呼び出しにより，21 行目以降が実行され

9. 図形の描画

表 9.1 GraphicsContext クラスの主なメソッド

メソッド	説明
strokeText(String str, double x,double y)	文字列を表示する.
strokeLine(double x1,double y1, double x2,double y2)	(x1,y1), (x2,y2) の2点を結ぶ線を引く.
strokeOval(double x,double y, double width,double height)	楕円を描画する.
strokePolygon(double[] xPoints, double[] yPoints,double nPoints)	配列で与えられた点を結ぶ多角形を描画する.
strokePolyline(double[] xPoints, double[] yPoints,double nPoints)	配列で与えられた点を結ぶ連続した線分を描画する.
strokeRect(double x,double y, double width,double height)	四角形を描画する.
fillOval(double x,double y, double width,double height)	内部が塗りつぶされた楕円を描画する.
fillPolygon(double[] xPoints, double[] yPoints,double nPoints)	内部が塗りつぶされた多角形を描画する.
fillRect(double x,double y, double width,double height)	内部が塗りつぶされた四角形を描画する.
setFill(Paint)	塗りつぶしのペイント属性の設定
setStroke(Paint)	線のペイント属性の設定
clearRect(double x,double y, double width, double height)	四角形の領域をクリアする.
setFont()	文字を表示するフォントの設定

ます. 22 行目では, この Canvas に割り当てられている GC を得ます. この GC を用いて描画を行います.

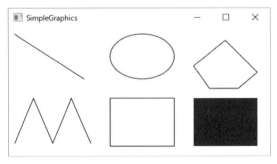

図 9.2 SimpleGraphics の実行結果

9.2 GraphicsContext2Dを用いた描画

[プログラム 9.2: ch9/SimpleGraphics.java]

```java
1   import javafx.application.Application;
2   import javafx.scene.Scene;
3   import javafx.scene.canvas.Canvas;
4   import javafx.scene.canvas.GraphicsContext;
5   import javafx.scene.layout.StackPane;
6   import javafx.stage.Stage;
7
8   public class SimpleGraphics extends Application {
9       Canvas canvas = new Canvas(410, 200);
10
11      @Override
12      public void start(Stage stage) {
13          stage.setTitle("SimpleGraphics");
14          draw();
15          StackPane root = new StackPane();
16          root.getChildren().addAll(canvas);
17          stage.setScene(new Scene(root));
18          stage.show();
19      }
20
21      void draw() {
22          GraphicsContext gc=canvas.getGraphicsContext2D();
23          gc.strokeLine(10, 10, 120, 80);
24          gc.strokeOval(160, 10, 100, 70);
25          double x1[] = {340, 290, 315, 360, 390};
26          double y1[] = {20, 60, 95, 95, 70};
27          gc.strokePolygon(x1, y1, x1.length);
28          double x2[] = {10, 40, 70, 100, 130};
29          double y2[] = {180, 110, 180, 110, 180};
30          gc.strokePolyline(x2, y2, x2.length);
31          gc.strokeRect(160, 110, 100, 75);
32          gc.fillRect(290, 110, 100, 75);
33      }
34  }
```

23行目と24行目では線と楕円を描いています。引数はすべてdouble型ですが，ここでは暗黙のキャストに任せて，整数で指定しています。25行目と26行目ではポリゴンの頂点のx，y座標を設定しています。それらの座標を指定して，27行目でポリゴンを描画しています。同様に，28行目から30行目はポリラインを描画しています。最後に31行目と32行目で，それぞれ線のみの四角形と塗りつぶされた四角形を描いています。

線や塗りつぶしの色の指定は，Colorクラス（javafx.scene.paint.Color，7.5節 参照）を用いて行えます。例えば，23行目のstrokeLineを呼び出す前にsetStrokeで描画色を指定すれば，つぎに変更されるまで図形の線はその色で塗られます。

```
    gc.setStroke(Color.red);
```

線の太さは，`setLineWidth(double w)`で指定します。線幅のデフォルト値は1.0です。現在設定されている線幅を知るには，`double getLineWidth()`を使います。

9.3 マウスイベントの処理

マウスボタンのクリック，マウスの移動，マウスのドラッグ（マウスボタンを押したままマウスを移動させること）などがマウスが発生させるイベントです．このマウスイベントをとらえ，各動作に対応するイベントハンドラを書くことにより，マウスを用いた図形描画を行うことができます．

マウスのイベントハンドラは，Canvas のスーパークラスの Node（javafx.scene.Node）が備えています．このクラスはコントロールのスーパークラスでもあります．したがって，マウスのイベント処理はすべてのコントロールで行えます．

表 9.2 にマウスイベントのハンドラを示します．Canvas などのコントロールにこれらのハンドラを set メソッドで設定します．例えば，onMouseClicked のハンドラを設定するためには，setOnMouseClicked() メソッドで行います．

表 9.2　MouseEvent のハンドラ

ハンドラ	説　明
onMouseClicked	マウスボタンがクリックされた（押して，離した）．
onMouseDragged	マウスボタンを押しながら移動させた．
onMouseEntered	マウスがこのノードに入った．
onMouseExited	マウスがこのノードから出た．
onMouseMoved	マウスがノード内を移動した．
onMousePressed	マウスボタンが押された．
onMouseReleased	マウスボタンが離された．

onMouseClicked と onMousePressed, onMouseReleased の区別がわかりにくいかもしれませんが，onMouseClicked はボタンを押して，離したときに呼び出されます．この動作が行われる際に，onMousePressed と onMouseReleased も同時に呼び出されることになります．onMouseDragged はボタンを押しながら移動した場合に呼び出され，その他はボタンが離された状態で移動した場合に呼び出されます．ただし，これらのハンドラをつねにすべて実装する必要はなく，プログラムの機能に合わせて必要なものだけを実装します．

表 9.2 に示したイベントハンドラには，引数として MouseEvent（javafx.scene.input.MouseEvent）が渡されます．このイベントから値を得るためのメソッドの抜粋を表 9.3 に示します．

MouseButton（javafx.scene.input.MouseButton）は列挙型であり，MIDDLE（中央），NONE（なし），PRIMARY（左），SECONDARY（右）のいずれかの値をとります．getScreenX() と getScreenY() は，ディスプレイ全体での座標位置を返します．画面の左上隅を原点 (0,0) とする座標系での座標位置です．ダブルクリックとシングルクリックを区別するためには，getClickCount() でクリック回数を調べます．

9.3 マウスイベントの処理

表 9.3 MouseEvent のメソッド（抜粋）

戻り値型	メソッド	説明
MouseButton	getButton()	マウスボタンを返す．
int	getClickCount()	マウスがクリックされた回数
double	getX()	イベントのコントロール中の X 座標値
double	getY()	イベントのコントロール中の Y 座標値
double	getScreenX()	イベントの絶対 X 座標値
double	getScreenY()	イベントの絶対 Y 座標値

プログラム 9.3 はマウスを用いた簡単な例を示しています．このプログラムのウィンドウ中でマウスのボタンをクリックすると，そのクリック位置に小さな円が描かれます．別の場所でクリックすると円がその位置に移動します．図 9.3 に実行例を示します．

[プログラム 9.3: ch9/MousePosition.java]

```
1   import javafx.application.Application;
2   import javafx.scene.Scene;
3   import javafx.scene.canvas.Canvas;
4   import javafx.scene.canvas.GraphicsContext;
5   import javafx.scene.input.MouseEvent;
6   import javafx.scene.layout.StackPane;
7   import javafx.stage.Stage;
8
9   public class MousePosition extends Application {
10      Canvas canvas = new Canvas(350, 250);
11
12      @Override
13      public void start(Stage stage) {
14          stage.setTitle("MousePosition");
15          canvas.setOnMousePressed(event -> draw(event));
16          StackPane root = new StackPane();
17          root.getChildren().addAll(canvas);
18          stage.setScene(new Scene(root));
19          stage.show();
20      }
21
22      void draw(MouseEvent event) {
23          GraphicsContext gc = canvas.getGraphicsContext2D();
24          gc.clearRect(0,0,350,250);
25          double x=event.getX()-5;
26          double y=event.getY()-5;
27          gc.strokeOval(x,y, 10,10);
28      }
29  }
```

このプログラムでは，MouseEvent のうち，MousePressed のみを扱っています．MousePressed のイベントが発生したとき，draw(event) メソッドが呼ばれます (15 行目)．draw メソッドの 24 行目で行っているのは，Canvas 内に以前に描かれた円をクリアする処理です．これを行わないと，マウスボタンを押すたびに円が増えていきます．25 行目では MouseEvent から getX() メソッドにより，Canvas 内の座標系での X 座標を得ています．GC の strokeOval

156   9. 図形の描画

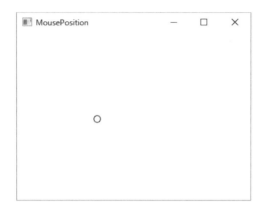

図 9.3 マウスイベントの処理

メソッドは，描く円の左上座標を指定する必要があり，ここでは半径 5 画素の円を描くため，5 を引くことにより円の左上座標を求めています．Y 座標についても同様です．最後に 27 行目で円を描いています．

9.4 キーボードイベントの処理

キーボードのキーが押されたときの処理も，マウスと同様に行うことができます．キーボードのイベントには，キーが押されたとき (onKeyPressed)，キーが離されたとき (onKeyReleased)，キーがタイプされたとき (onKeyTyped)，それぞれ発生する 3 種類のイベントがあります．onKeyTyped はマウスにおけるクリックと同じで，キーが押されて離されたときに発生します．

それぞれのイベントに対して発生するイベントは KeyEvent (javafx.scene.input.KeyEvent) です．このイベントからは押されたキーの状態に関するさまざまな情報を得ることができます．タイプされた文字に関しては，getCharacter() と getText() の 2 種類がありますが，前者はキーが押されたとき，後者はキーがタイプされたときのイベントから得られます．getCode() というメソッドもあり，これは KeyCode という列挙型の値が得られます．例えば，数字の 0 なら DIGIT0，シフトキーなら SHIFT，文字の a なら A というタグが割り当てられています．また，Shift キーや Control キーが押された状態でタイプされたか否かを知るメソッドもあります．それぞれ，isShiftDown() と isControlDown() です．

プログラム 9.4 にキーボードからのイベントを調べる簡単なプログラムを示します．21 行目からの keyMonitorP はキーが押されたときに，25 行目からの keyMonitorT はキーがタイプされたときに，それぞれ発生するイベントで起動するメソッドです．

[プログラム 9.4: ch9/KeyOperation.java]

```
1   import javafx.application.Application;
2   import javafx.scene.Scene;
3   import javafx.scene.control.TextField;
4   import javafx.scene.input.KeyEvent;
5   import javafx.scene.layout.StackPane;
6   import javafx.stage.Stage;
```

```
 7
 8   public class KeyOperation extends Application {
 9       @Override
10       public void start(Stage stage) {
11           TextField tf=new TextField();
12           tf.setOnKeyPressed(event -> keyMonitorP(event));
13           tf.setOnKeyTyped(event -> keyMonitorT(event));
14           StackPane root=new StackPane();
15           root.getChildren().add(tf);
16           Scene scene = new Scene(root, 300, 100);
17           stage.setTitle("KeyOperation");
18           stage.setScene(scene);
19           stage.show();
20       }
21       void keyMonitorP(KeyEvent event) {
22           System.out.println("PRESSD");
23           System.out.println("KeyText: "+event.getText());
24       }
25       void keyMonitorT(KeyEvent event) {
26           boolean shift=event.isShiftDown();
27           boolean ctrl=event.isControlDown();
28           System.out.println("TYPED");
29           System.out.println("KeyCharactor: "+event.getCharacter());
30           System.out.printf("Shift: %b   Control: %b\n",shift,ctrl);
31       }
32   }
```

9.5 ウィンドウアプリケーションの実際

ここでは図形の描画を例に，少し規模が大きいプログラムを示します．以下で示すプログラムは，マウスを用いて多角形の形状を入力し，描画します．入力された多角形に対する処理例として，その周囲長を求める機能があります．

9.5.1 プログラムの動作

図9.4に本節で述べるプログラムの実行例を示します．画面中でマウスの左ボタンを押すと，その位置に小さな点が描かれます．つぎにマウスを移動して再度左ボタンを押すと，その位置に点が描かれ，直前に描かれた点と線分で結ばれます．これを繰り返して折れ線を入力していき，最後にパネル上の任意の位置でマウスの右ボタンを押すと，最後の点と最初の点が線分で結ばれポリゴンが描かれます．

図9.4左上角に「操作」と書かれたメニューボタンがあり，その位置でマウスボタンを押すと「周囲長」と「終了」と書かれたプルダウンメニューが表れます．そのメニューから「周囲長」を選択すると入力したポリゴンの周囲長が計算され画面の最下にその値が表示されます．

158   9. 図形の描画

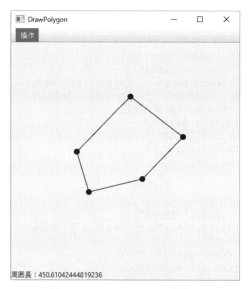

図 **9.4** DrawPolygon の動作例

9.5.2 Polygon クラス

まず，ここで扱う Polygon クラスをプログラム 9.5 に示します．フィールドは x 座標値および y 座標値を記録するための配列と，頂点数 ver からなります．これらの意味は 4 章のプログラム 4.1 で扱った Polyline と同じです．ポリゴンの表現法として，頂点数と辺の数が等しくなるように，つまり最初の頂点と最後の頂点が線分で結ばれているとみなすのが一般的ですが，ここでは処理を若干簡素化するため最初の点と同じ位置の点を配列の最後に入れています．したがって，頂点数（ver）は実際の多角形の頂点数よりも一つ多くなっています．

[プログラム 9.5: ch9/Polygon.java]

```
1   public class Polygon {
2       private int[] x;
3       private int[] y;
4       private int ver;
5
6       public Polygon(int[] x, int[] y, int ver) {
7           this.x=new int[ver]; this.y=new int[ver];
8           this.ver=ver;
9           for(int i=0; i<ver; i++) {
10              this.x[i]=x[i]; this.y[i]=y[i];
11          }
12      }
13      public double perimeter() {
14          double per=0.0;
15          int dx,dy;
16          for(int i=0; i<ver-1; i++) {
17              dx=x[i]-x[i+1]; dy=y[i]-y[i+1];
18              per += Math.sqrt((double)(dx*dx+dy*dy));
19          }
20          return per;
21      }
```

```
22      }
```

6行目から12行目まではコンストラクタです．13行目以降は周囲長を求めるメソッドperimeterを定義しています．ここでは，2頂点間を結ぶ線分の長さを求め，それらの総和を計算しています．

9.5.3　プログラムの説明

上で述べた機能を実現するDrawPolygonDemo.javaの内容をプログラム9.6に示します．このプログラムでは，マウスクリックにより得られたポリゴンの頂点位置のX座標値とY座標値を18行目と19行目の二つの配列にそれぞれ入れています．20行目のverは頂点数をカウントするものです．

[プログラム 9.6: ch9/DrawPolygonDemo.java]

```
1    import javafx.application.Application;
2    import javafx.scene.Scene;
3    import javafx.scene.canvas.Canvas;
4    import javafx.scene.canvas.GraphicsContext;
5    import javafx.scene.control.Label;
6    import javafx.scene.control.Menu;
7    import javafx.scene.control.MenuBar;
8    import javafx.scene.control.MenuItem;
9    import javafx.scene.input.MouseButton;
10   import javafx.scene.input.MouseEvent;
11   import javafx.scene.layout.BorderPane;
12   import javafx.stage.Stage;
13
14   public class DrawPolygonDemo extends Application {
15       Canvas canvas = new Canvas(400, 400);
16       Label lb = new Label();
17       private final int MAX_VERTEX = 100;
18       int xary[] = new int[MAX_VERTEX];
19       int yary[] = new int[MAX_VERTEX];
20       int ver = 0;
21
22       @Override
23       public void start(Stage stage) {
24           stage.setTitle("DrawPolygon");
25           MenuBar mb = new MenuBar();
26           mb.setUseSystemMenuBar(true);
27           Menu operationMenu = new Menu("操作");
28           MenuItem perimeter = new MenuItem("周囲長");
29           MenuItem exit = new MenuItem("終了");
30           perimeter.setOnAction(event -> dispPerimeter());
31           exit.setOnAction(event -> System.exit(0));
32           operationMenu.getItems().addAll(perimeter, exit);
33           canvas.setOnMousePressed(event -> addVertex(event));
34           mb.getMenus().addAll(operationMenu);
35           BorderPane root = new BorderPane();
36           root.setTop(mb);
37           root.setCenter(canvas);
38           root.setBottom(lb);
39           stage.setScene(new Scene(root));
```

```
40              stage.show();
41          }
42
43      void addVertex(MouseEvent event) {
44          GraphicsContext gc = canvas.getGraphicsContext2D();
45          if (event.getButton() == MouseButton.PRIMARY) {
46              double x = event.getX();
47              double y = event.getY();
48              gc.fillOval(x - 5, y - 5, 10, 10);
49              if (ver > 0) {
50                  gc.strokeLine((double) xary[ver - 1], (double) yary[ver - 1],
51                          x, y);
52              }
53              this.xary[ver] = (int) x;
54              this.yary[ver] = (int) y;
55              ver++;
56          } else if (event.getButton() == MouseButton.SECONDARY) {
57              if (ver > 0) {
58                  gc.strokeLine((double) xary[ver - 1], (double) yary[ver - 1],
59                          (double) xary[0], (double) yary[0]);
60              }
61          }
62      }
63
64      void dispPerimeter() {
65          double per= (new Polygon(xary, yary, ver).perimeter());
66          lb.setText("周囲長："+per);
67      }
68  }
```

25行目から31行目はプルダウンメニューを設定しています．30行目は周囲長のメニューが選ばれたときのイベントハンドラをdispPerimeterの呼び出しに設定し，31行目は終了メニューが選ばれたときに，プログラムを終了させるよう登録しています．33行目は，マウスボタンが押されたときのハンドラとしてaddVertexメソッドの呼び出しを設定しています．34行目から40行目の処理はすでにおなじみのものでしょう．

43行目からのaddVertexはマウスボタンが押されるたびに呼び出されます．このメソッドの中では，左ボタン（MouseButton.PRIMARY）が押されたときと，右ボタン（MouseButton.SECONDARY）のときでは動作が異なります．まず，左ボタンのときは，マウスが押された位置に塗りつぶされた円を描きます（48行目）．そしてその点が最初の点でない場合には，直前の点との間を線で結びます（50行目）．右ボタンが押されたときには，現在点と最初の点との間を線で結び多角形として表示させます（58行目）．

64行目からは，周囲長を計算して画面最下のラベルに周囲長を表示させるものです．65行目では，まずPolygonをつくり，perimeterでそのポリゴンの周囲長を求めています．66行目でその周囲長をラベルに表示しています．

9.6 画像の表示

Canvasには簡単に画像を表示することができます．このプログラム例をプログラム9.7に

示します．

[プログラム 9.7: ch9/ImageDisplay.java]

```
1   import javafx.application.Application;
2   import javafx.scene.Scene;
3   import javafx.scene.canvas.Canvas;
4   import javafx.scene.canvas.GraphicsContext;
5   import javafx.scene.image.Image;
6   import javafx.scene.layout.StackPane;
7   import javafx.stage.Stage;
8
9   public class ImageDisplay extends Application {
10      @Override
11      public void start(Stage stage) {
12          String path="MtFUJI.jpg";
13          Image img=new Image(path);
14          Canvas cv=new Canvas();
15          cv.setWidth(img.getWidth());
16          cv.setHeight(img.getHeight());
17          GraphicsContext gc=cv.getGraphicsContext2D();
18          gc.drawImage(img,0,0);
19          StackPane root = new StackPane();
20          root.getChildren().add(cv);
21
22          Scene scene = new Scene(root);
23          stage.setTitle("ImageView");
24          stage.setScene(scene);
25          stage.show();
26      }
27  }
```

12 行目でファイル名を指定しています．そのファイル名は 13 行目で画像ファイルを開くときに使われます．ここでは，ファイル名をプログラム中に埋め込んでいます．そこで，別の画像ファイルを表示するためにはこの行のファイル名の部分を変更し，コンパイルをし直さなければなりません．この問題に対しては，つぎの二つの改良が考えられます．

一つは，実行時に main メソッドに渡される文字列の利用です．例えば

```
java ImageDisplay MtFUJI.jpg
```

として，このプログラムを実行するとき，画像のファイル名が main メソッドに args[0] で渡されます．13 行目ではそのファイル名を使います．第 2 の方法は，10.7 節で述べるファイルチューザを用いる方法です．これらの方法により，画像ファイル名は実行時に指定できます．

このプログラムでは，画像を Canvas に表示しています．そこで，14 行目では Canvas のオブジェクトをつくり，つぎの 2 行でそのサイズを画像サイズに合わせて設定しています．17 行目ではその Canvas の GC を取得し，18 行目でその GC を使って Canvas に画像を表示しています．

実行画面を図 9.5 に示します．

図 9.5　ImageDisplay の実行例

章 末 問 題

【1】 プログラム 9.3 では，マウスをクリックしたとき，その位置を中心とする小円が描かれる．マウスをクリックした位置に黒く塗りつぶされた正方形が表示されるように変えるためには，このプログラム中のどこをどのように変えればよいか答えなさい．

【2】 以下の記述のうち，内容が誤っているものをすべて選び，記号で答えなさい．
(1) Canvas 内で図形を描くためには，GraphicsContext というオブジェクトのメソッドを用いる．
(2) マウスボタンをクリックしたときの処理は，Canvas に onMouseMoved メソッドを登録し，そのメソッド内に記述する．
(3) 一つのアプリケーションでは一つの Scene のみ作成できる．
(4) MouseEvent からは，そのイベントが発生したコントロールの座標しか取得できず，画面全体の座標を知りたければ Stage クラスの機能を用いる．
(5) GraphicsContext クラスの clearRect メソッドにより，指定範囲の図形をすべて消去できる．

【3】 マウスが押されたとき得られるイベントから，どのボタンが押されたかを知る方法について説明しなさい．

演　　習

9.1 Canvas 上で，図形の中心と円の半径をマウスで指定し，その円に内接する 5 角形を描画するプログラムを書きなさい．

10 ファイルの入出力

Java Programming

　データの入出力先には，コンソール，キーボード，ファイルなどの物理デバイスが多数存在し，それらの性質も異なっています．しかし，これらを利用するためには，まず入出力する先（ファイルなど）を読み書きができる状態に設定（オープン）し，実際の入出力を行い，入出力先を閉じる（クローズ）という処理が必要となります．これらのデバイスの入出力処理の機能をクラス化した論理デバイスを**ストリーム**と呼びます．ストリームにより，コンソールやファイル，文字列などを対象とした入出力を同じ方法で行うことができます．

　ストリームには，**バイトストリーム**と**文字ストリーム**があります．バイトストリームは，バイナリーデータの入出力を行うためのものであり，ファイルの内容をそのまま入力し，また出力に際してもそのまま書き出します．一方，文字ストリームでは，データを文字に変換して入出力を行います．Java で標準に用いられる文字コードは Unicode です．一方，ファイル中の文字コードは OS により異なり，Windows の場合多くは Shift–JIS です．文字ストリームでは二つのコード間のコード変換も行われます．

　ファイルの入出力では，ハードディスクの読み書きが遅いため，一度にまとまった単位でのデータを入力，または出力することが行われます．これを**バッファリング処理**と呼び，多くのストリームで採用されています．本章では，ファイルの入出力で必要になる，これらの事項について説明します．

10.1　基本的な入出力

　Java ではハードディスクやディスプレイ，キーボードなど，さまざまな装置を対象とした入出力を統一的に行うストリームという仕組みをもっています．このストリームの中でよく使われるものに，標準入出力処理（コンソールへの出力とキーボードからの入力）のためのストリームがあります．これらにはつぎの 3 種類があり，System クラスにあらかじめオブジェクトとして用意されています．いままでコンソールに対する出力には，このうち System.out を用いてきました．

System.in	標準入力（キーボード）ストリーム（InputStream）
System.out	標準出力（ディスプレー）ストリーム（PrintStream）
System.err	標準エラー（ディスプレー）ストリーム（PrintStream）

上に示した三つのストリームはjava.lang.Systemクラスのフィールドです．System.outとSystem.errはjava.io.PrintStreamクラスのオブジェクトであり，System.inはjava.io.InputStreamクラスのオブジェクトです．

PrintStreamクラスには，いままで用いてきたprint，println，printfなどのメソッドがあります．これらの違いは，printは出力後改行を行わず，一方printlnは改行を行い，またprintfはフォーマットを指定した出力が行える点です．以下に例を示します．

```
System.out.print("改行を行わない");
System.out.println("この行を出力後改行する");
System.out.printf("i=%3d, d=%10.5f\n",i,d);
```

printメソッドとprintlnメソッドは，一つの文字列を引数に指定するものとして説明してきました．しかし，int型の変数iやdouble型の変数dを引数に指定して，`print(i)`や`print(d)`のように記述することができます．これは`print(int i)`や`print(double d)`など，すべての基本データ型を引数にもつprintメソッドがオーバーロード（多重定義）されているためです．よく用いられるのは，String型の引数をもつメソッド`print(String s)`です．例えば，以下の例のように記述したとき，引数の部分は文字列結合子（+）で全体が一つの文字列に変換されてから，このメソッドに渡されます．

```
System.out.println("i="+i+",j="+j);
```

上の例で，もしiの値が10であり，jの値が20であれば，実行結果はつぎのようになります．

```
i=10, j=20
```

C言語では，printf関数を用いて，変数の値を16進数で表示したり，出力される桁数を指定することができます．同様な出力を行うために，Javaでもprintfメソッドが用意されています．

```
int i=65;
System.out.printf("I(Hex)=%2x, I(Dec)=%3d\n",i,i);
```

この例では，整数変数iの値を最初は2桁の16進数で，つぎに3桁の10進数で出力しています．書式は，C言語とほとんど同じですが，拡張されている機能もあります．

標準入力ストリームであるSystem.inは**InputStream**クラスのインスタンスであることを述べましたが，このクラスの機能は強力とはいえません．メソッドとしてreadがあり，1

10.1 基本的な入出力

文字の読込み，または文字数を指定した読込みが行えます．

```
int ch=System.in.read();
```

```
int n=System.in.read(buf,0,80);
```

上の1行目は無引数の read メソッドです．これにより1バイト読み込まれます．これを繰り返すと，入力ストリームから任意のバイト数のデータを1バイトずつ読み込むことができます．引数のない read メソッドを用いた例をプログラム 10.1 に示します．read メソッドを用いて入力を行う場合には，その read している部分を try ブロックで囲む必要があります．read は例外を発生する可能性があるためです．このプログラムで try ブロックを外してコンパイルすると，コンパイルエラーが表示されます（6.4 節 参照）．

[プログラム 10.1: ch10/ReadTest.java]
```
1   import java.io.*;
2   class ReadTest {
3       public static void main(String[] args) {
4           try{
5               while(true) {
6                   int d=System.in.read();
7                   if(d=='\n') break;
8                   System.out.print(d);
9               }
10          } catch(IOException e) {
11              System.err.println(e);
12          }
13      }
14  }
```

7行目で d の値を \n と比較しています．このプログラムでは，改行キーが押されたとき入力を終了するようにしているためです．Windows では改行が \r\n のシーケンスで行われるため，入力した文字の最後に 13 が表れます．この 13 は，\r 文字を 10 進の数値で表示したものです．

つぎに，3引数の read メソッドを使った例をプログラム 10.2 に示します．このメソッドの第1引数は，入力したバイトデータ（char 型ではなく，byte 型である点に注意）を格納するためのバッファ配列であり，4行目に示すようにあらかじめ new 演算子により領域が確保されている必要があります．第2引数は，バッファの何文字目から入力データを格納するかを指示するものであり，この例では buf の先頭からの格納を指示しています．第3引数は入力バイト数の最大値です．戻り値には実際に入力されたバイト数が返されます．このプログラムを起動すると，リターンキーを押す度に入力した行が出力されます．日本語文字を入力すると，実際の文字数の2倍にカウントされるのは，日本語文字が1文字あたり2バイトで表現されているためです．また実際のバイト数より2バイト分多いのは，先に述べた復帰，改行コードがバイト数に含まれているためです．

このプログラムは，EOF が入力されたとき（キーボードから「コントロール Z」＋ 改行（Enter）が押されたとき）終了します．そのとき，d の値は -1 となり while ループから抜けます．

[プログラム 10.2: ch10/ReadTest2.java]

```
1   import java.io.*;
2   class ReadTest2 {
3       public static void main(String[] args) {
4           byte[] buf=new byte[80];
5           int d=0;
6           try{
7               while((d=System.in.read(buf,0,80)) > 0) {
8                   String s=new String(buf,0,d);
9                   System.out.println("入力バイト数="+d+", 入力文字列:"+s);
10              }
11          } catch(IOException e) {
12              System.err.println(e);
13          }
14      }
15  }
```

10.2 Scanner による入力

InputStream クラスで実際に読み込むメソッドは，これまで述べた read しかないため，数値などの入力を行う際に自分で複雑なプログラムを書かなければなりません．これを解決し，入力処理を簡単にするために **Scanner**（java.util.Scanner）というクラスが用意されています．これを用いた例をプログラム 10.3 に示します．

[プログラム 10.3: ch10/Input.java]

```
1   import java.util.*;
2   class Input {
3       public static void main(String[] args) {
4           int i,j,k;
5           Scanner kin=new Scanner(System.in);
6           System.out.print("a? ");
7           i=kin.nextInt();
8           System.out.print("b? ");
9           j=kin.nextInt();
10          k=i+j;
11          System.out.println(i+"+"+j+"="+k);
12      }
13  }
```

5 行目で，Scanner クラスのインスタンスを作成しています．Scanner クラスからの整数値の取得は，nextInt() で行います．7 行目と 9 行目で，これを用いた整数値の入力を行っています．

文字の連続した綴りをトークンと呼びます．つまり，トークンとは空白文字を含まない連続した文字列です．ここで，**空白文字**とは，スペース，タブ，改行などを指します．Scanner クラスで入力するとき（デフォルト状態では）数値やトークンは空白文字で区切られていることを仮定しますが，後に述べるようにこの区切り文字は必要に応じて変更できます．Scanner クラスのメソッドの抜粋を**表 10.1** に示します．

10.2 Scanner による入力

表 10.1 Scanner クラスのメソッド（抜粋）

メソッド	動作
close()	スキャナを閉じる．
nextBoolean()	bool 型の値の読込み
nextByte()	byte 型の値の読込み
nextShort()	short 型の値の読込み
nextInt()	int 型の値の読込み
nextLong()	long 型の値の読込み
nextFloat()	float 型の値の読込み
nextDouble()	double 型の値の読込み
nextLine()	1 行の文字列の読込み
next()	トークンの読込み
useDelimiter(String pat)	区切り文字を指定する（後述）．
hasNextXX()	つぎのトークンが XX 型のとき true を返す．ただし，XX は Int, Double, Byte, Boolean など，(Char を除く) 基本データ型．

　Scanner クラスのコンストラクタには，先に挙げた System.in のような InputStream 型オブジェクトを引数にするものの他，String 型のオブジェクトや File 型のオブジェクトを引数にするものなどがあります．String 型オブジェクト（文字列）をコンストラクタの引数に指定したとき，その文字列からデータを取得できます．これを用いた例をプログラム 10.4 に示します．

[プログラム 10.4: ch10/FromString.java]

```
1    import java.util.*;
2    class FromString {
3        public static void main(String[] args) {
4            String str="1.23 6.54";
5            Double a,b;
6            Scanner kin=new Scanner(str);
7            a=kin.nextDouble(); System.out.println("a="+a);
8            b=kin.nextDouble(); System.out.println("b="+b);
9            System.out.println(a+"+"+b+"="+(a+b));
10       }
11   }
```

　このプログラムは先に述べた Input.java と流れは同じです．ただ，4 行目のように入力データの文字列を用意し，6 行目でその文字列から入力を行う Scanner を作成しています．後は，この文字列から先の例と同じように入力が行えます．

　ファイルからの入力は重要です．プログラム 10.5 は Scanner を用いてファイルからデータを入力しています．

[プログラム 10.5: ch10/FromFile.java]

```
1   import java.util.*;
2   import java.nio.file.*;
3   class FromFile {
4       public static void main(String[] args) {
5           int i,j,k;
6           try {
7               Path path=Paths.get("test.txt");
8               Scanner kin=new Scanner(path);
9               i=kin.nextInt(); System.out.println("i="+i);
10              j=kin.nextInt(); System.out.println("j="+j);
11              k=i+j;
12              System.out.println(i+"+"+j+"="+k);
13          }
14          catch(Exception e) {
15              System.out.println("入力時エラー");
16          }
17      }
18  }
```

7行目では，Paths (java.nio.file) というクラスのstaticメソッドのgetを用いて，文字列をPath (java.nio.file.Path) 型の変数pathに代入しています．この処理の詳細については10.4節で説明します．ここでは，8行目でファイルに対応づけられたScannerのオブジェクトを作成するためには，Path型の引数を与えると考えてください．

6行目以降がtryブロックで囲まれていますが，これは7行目のメソッドgetが例外を発生させる可能性があるためです．実際には，tryブロックで囲む必要があるのは7行目のみです．残りの部分は，先の二つの例と同じです．

先にトークンの区切りは空白文字であると述べましたが，この**区切り文字**を変更したい場合もあります．例えば，CSV（comma separated valueまたはcolon separated value）形式のファイルのようにカンマやコロンがトークンの区切りになっている場合です．この区切り文字の変更はScannerクラスのuseDelimiterメソッドにより行えます．以下に区切り文字を変更する文を2例示します．

```
kin.useDelimiter("\\s*,\\s*");
kin.useDelimiter("\\r\\n");
```

1行目は，カンマを区切り文字に変えている例です．しかし，使いやすいものにするためにカンマの前後に空白文字が含まれているときには，その空白文字をすべて無視することを指示しています．\\sは0個以上の空白文字を意味する正規表現です．つまり，ここでは「0個以上の空白文字があり，その後カンマ（,）があり，さらに0個以上の空白文字がつづく」文字列を区切り文字に指定しています．なおバックスラッシュが2個書かれているのは，Javaでは文字列中のバックスラッシュがエスケープ文字として使われるためです．すなわち二つのバックスラッシュで一つのバックスラッシュ文字を表しています．2行目は，Windowsでの改行を区切り文字とする指定です．また，区切り文字を一時的に変更した後で，また元の状態，つまり空白文字を区切り文字とする指定に戻したいときには，

```
sc.useDelimiter("\\p{javaWhitespace}+");
```

と指定します．

10.3 PrintStream を用いた出力

文字ストリームへの出力のためのクラスに **PrintStream** (java.io.PrintStream) があります．これを用いることにより，容易にファイルへの出力を行えます．いままでコンソールへの出力は，

```
System.out.println("abc");
```

のように行ってきましたが，PrintStream は System.out に割り当てられているオブジェクトのクラスなので，使い方は System.out に対する処理とまったく同じです．ファイルへの出力を行うプログラム例を以下に示します．このプログラムでは，testtext.txt という名前のファイルを PrintStream で開き，文字列を出力して閉じています．print や println, printf メソッドを使う際に，System.out の代わりに PrintStream で開いたストリーム名を設定するだけで，プログラム 10.6 のようにファイルへの出力が行えます．

[プログラム 10.6: ch10/WriteTest.java]
```
1    import java.io.*;
2    class WriteTest {
3        public static void main(String[] args) {
4            PrintStream pw=null;
5            try {
6                pw=new PrintStream("testtext.txt");
7            } catch(IOException e) {
8                System.out.println("ファイルエラー");
9            }
10           pw.println("プリントストリームを用いた文字の出力");
11           pw.close();
12       }
13   }
```

このプログラムでは，6行目のコンストラクタを try ブロックで囲んでいますが，PrintStream のコンストラクタが例外を発生させる可能性があり，例外処理を強制されるためです．本章で以降扱う多くのクラスの利用でも例外処理を行う必要があります．ただし，コンストラクタ以外は例外をスローしません．これは System.out に対して出力処理を行う場合と同じです．一方，実際にはファイルへの出力の際に，いくつかの種類の不都合が生じる場合があります．この確認のために

```
boolean checkError()
```

メソッドがあります．このメソッドは，ストリームの内容をファイルに書き出し（フラッシュ），その状況を確認します．もしエラーがあった場合には true が返されます．

ファイルへの出力の際に気を付けなければならないことは，PrintStream の print 文を実行しても，その都度実際にファイルに書き出されるわけではないことです．書出し命令が出されるとバッファと呼ばれるメモリ領域への書込みが行われるだけです．ハードディスクの動作は遅く，書出し命令の度に実際に書込みを行うと処理時間が長く必要になるためです．

ファイルに対して実際に書込みを行わせるためには，flush() メソッドを呼び出します．または，ファイルをクローズすることによっても実際に書出しが行われます．プログラムの 11

行目の close() はそのためのものです.

　Scanner によるプログラム 10.5 と比較すると，この例では PrintStream のコンストラクタに対してファイル名を直接指定しています．一方，Scanner を用いたプログラム 10.5 では Path クラスのコンストラクタを用いてオブジェクトを作成した後，それをコンストラクタに渡しています．この理由は，Scannner クラスにはファイル名を引数とするコンストラクタが存在しないためです．文字列を引数とするコンストラクタはありますが，それはプログラム 10.4 で示したように，引数の文字列自体が入力の対象となる場合に用います.

　PrintStream クラスとよく似たクラスに PrintWriter クラス（java.io.PrintWriter）があります．このクラスは，PrintStream と比較して機能が少なくなっています．機能的によく似たクラスですが，両者に親子関係はありません.

10.4　ファイルに関する属性を知る

　10.2 節で，ファイルに対応づける Scanner を作成するために Path 型の変数を使いました．ここで用いた Path はインタフェースです．したがって，new 演算子でオブジェクトを作成することはできません．そこで，Paths† というクラスの get メソッドを用いて Path 型のオブジェクトを得ます．Paths クラスは，static メソッドの get のみをもつクラスです.

　Path インタフェースは，ファイルのパスを取得したり，そのパスに変更を加えたりするために有益な多くのメソッドをもっています．プログラム 10.7 に，そのうちのいくつかの使用例を示します.

[プログラム 10.7: ch10/PathTest.java]
```
1   import java.nio.file.*;
2   class PathTest {
3       public static void main(String args[]) {
4           if(args.length==0) {
5               System.out.println("Use: java PathTest <file-name>");
6               System.exit(0);
7           }
8           Path p=Paths.get(args[0]);
9           Path ap=p.toAbsolutePath();
10          System.out.println("Absolute Parh="+ap);
11          int nc=ap.getNameCount();
12          System.out.println("Name Count="+nc);
13          Path pp=ap.getParent();
14          System.out.println("Parent Path="+pp);
15
16      }
17  }
```

　このプログラムは java PathTest <file-name>の形で，操作するファイル名を java コマンドで指定して起動します．4 行目から 7 行目では，上に示した形で起動されなかった場合にエラーを表示する処理です．8 行目では Paths クラスの get メソッドの引数に，コマンドラインの引数（ファイル名が入っている）を渡して，Path 型の参照を得ています.

---

　† 紛らわしいですが，Path と Paths は別のクラスです.

9 行目は，そのファイルの絶対パスを得ています．実行例の 2 行目が指定したファイル test.txt の絶対パスです．11 行目の getNameCount() は，パスのルートから何段フォルダをたどってこのファイルに到達するかを得るメソッドです．この場合には，実行例に見られるように，根から 7 個の\を経てこのファイルに到達できることがわかります．13 行目は test.txt ファイルが入れられているフォルダ，つまり親フォルダを取り出しています．Path インタフェースには，この他ファイルのパスを操作したり，パスに関する情報を得るための多数のメソッドが含まれています．

[実行例]
```
% java PathTest test.txt
Absolute Parh=C:\home\pub\java\Book\prog\ch10\test.txt
Name Count=7
Parent Path=C:\home\pub\java\Book\prog\ch10
```

ファイルから，その file が最後に修正された日時などの属性を取得したり，ファイルの削除やコピーなどの操作を行えるクラスとして，Files（java.nio.file.Files）があります．この使用例をプログラム 10.8 に示します．この例では，5 行目で指定したパスから，6 行目では最後に更新された日時を，7 行目ではそれが作成された日時を，8 行目ではそれが通常のファイルかを，9 行目ではそれがディレクトリー（フォルダ）かを，10 行目ではそのファイルのサイズを，それぞれ出力しています．11 行目では別のファイルのパスを作成し，12 行目では test.txt の内容を，そのファイルにコピーしています．

[プログラム 10.8: ch10/FileTest.java]
```
1   import java.nio.file.*;
2   import java.nio.file.attribute.*;
3   class FileTest {
4       public static void main(String[] args) throws Exception {
5           Path p=Paths.get("test.txt");
6           FileTime ft=Files.getLastModifiedTime(p);
7           System.out.println("Create time="+ft);
8           System.out.println("File? "+Files.isRegularFile(p));
9           System.out.println("Directory? "+Files.isDirectory(p));
10          System.out.println("Size: "+Files.size(p));
11          Path newPath=Paths.get("testCopy.txt");
12          Files.copy(p,newPath);
13      }
14  }
```

上で述べた Files と紛らわしいクラスに File（java.io.File）があります．これはファイル操作に古くから使われてきたクラスです．最近の Java のバージョンではファイルのパス操作には，Path をファイル操作には Files を使うことが推奨されていますが，File も必要な場合があります．例えば，10.7 節で述べる FileChoooser では，最初に表示するフォルダを指定するために，この File のオブジェクトが指定されています．

10.5 バイトストリーム

ファイルにバイナリーデータを読み書きする際には，バイトストリームを用います．Javaではいくつかのバイトストリームが用意されていますが，ここでは，DataOutputStream(java.io.DataOutputStream) と DataInputStream(java.io.DataInputStream) について述べます．おのおののオブジェクトの作成はつぎのように行います．

書出し
```
    DataOutputStream bout=new DataOutputStream
        (new BufferedOutputStream(new FileOutputStream(file_name)));
```
読込み
```
    DataInputStream bout=new DataInputStream
        (new BufferedInputStream(new FileInputStream(file_name)));
```
両方とも複雑に見えますが，書出しの例を分解するとつぎのようになります．

```
    FileOutputStream fos=new FileOutputStream(file_name);
    BufferedOutputStream bos=new BufferedOutputStream(fos);
    DataOutputStream bout=new DataOutputStream(bos);
```

まずファイル名を指定して FileOutputStream（バイナリー出力のための基本クラス）のインスタンスをつくり，それを引数として BufferedOutputStream（バッファを用いた出力ストリーム）をつくります．さらにそれを引数として，DataOutputStream（機能豊富な出力ストリーム）をつくっています．

DataOutputStream では，**表 10.2** のメソッド（よく使う一部のみ抜粋）を使うことができます．また，DataInputStream のメソッドの例を**表 10.3** に示します．ここでもよく使うもののみ示しています．詳しくは，それぞれのマニュアルページを参照してください．

表 10.2 DataOutputStream のメソッド（抜粋）

名　　前	機　　能
void write(int)	1 バイト書出し
void write(byte[])	バイト配列すべてを書出し
void writeByte(int)	1 バイト書出し
void writeChar(int)	1 文字（2 バイト）書出し
void writeChars(String)	文字列の書出し
void writeDouble(double)	double 値を long 値に変換して（8 バイト）書出し
void writeFloat(float)	float 値を int 値に変換して（4 バイト）書出し
void writeInt(int)	int 値を 4 バイトの値として書出し
void writeLong(long)	long 値を 8 バイトの値として書出し
void close()	ファイルのクローズ
void flushd()	バッファの書出し
int size()	これまでに書き出されたバイト数

表 10.3 DataInputStream のメソッド（抜粋）

名　　前	機　　能
int read()	1バイト読込み
int read(byte[])	バイト配列すべてを読込み
byte readByte()	1バイト読込み
char readChar()	1文字（2バイト）読込み
double readDouble()	double 値を読込み
float readFloat()	float 値を読込み
int readInt()	int 値を読込み
long readLong()	long 値を読込み
void close()	ファイルを閉じる．

バイトデータのファイルへの出力例をプログラム 10.9 に示します．5 行目からの 3 行で行っているのは "binfile.dat" というファイル名を引数に，FileOutputStream をつくり，さらにそれを引数として BufferedOutputStream をつくり，最終的に DataOutputStream をつくっています．ここで，新しい構文が使われています．`try-with-resources` という文です．これは，つぎの構造をしています．

```
try(リソース) {
    文 1; 文 2; ... 文 N;
} catch(Exception e) {
    エラー処理;
} finally {
    後処理;
}
```

これは，6 章で述べた try-catch 文の try の後ろに，括弧で囲まれたリソースという部分が追加になっています．ファイルには使い終わった後クローズ処理が必要なことを述べましたが，どのような場合にもクローズ処理を実行させようとすると，プログラムが複雑なものになります．`try-with-resources` 文は，リソースの部分に書かれたファイルをエラーの有無にかかわらず，終了時にクローズしてくれるものです．したがって，プログラム 10.9 にはクローズ処理が書かれていません．

`try-with-resources` を使わない場合には，finally 節で close() を呼び出しますが，その close() でも例外を発生するかもしれません．したがって，finally 節にも try-catch 文を書く必要があります．プログラムの中で複数のリソースを使う場合には，それらをセミコロン（;）で区切って並べます．

プログラム 10.9 の残りの行は，4 行目で要素が 5 個の int 型の配列を用意し，9 行目で出力ストリームに対して，配列の要素を int 型データとして書き出しています．このプログラムを実行した後，出力されたファイルの内容をバイトごとに 16 進数で表示した結果を以下に示します．

[プログラム 10.9: ch10/ByteStreamOutput.java]

```java
1   import java.io.*;
2   class ByteStreamOutput {
3       public static void main(String[] args) {
4           int[] d={1,2,3,4,5};
5           try(DataOutputStream bout=new DataOutputStream(
6                       new  BufferedOutputStream(
7                               new FileOutputStream("binfile.dat")))) {
8               for(int i=0; i<d.length; i++)
9                   bout.writeInt(d[i]);
10          } catch(Exception e) {
11              System.out.println(e);
12          }
13      }
14  }
15
```

[実行例]
```
% od -t x1 binfile.dat
0000000 00 00 00 01 00 00 00 02 00 00 00 03 00 00 00 04
0000020 00 00 00 05
0000024
```

プログラム 10.10 は逆に，バイトストリームを用いてバイナリーデータの書かれたファイルからデータを読み込み，そのデータを表示するものです．プログラムの流れは，出力の場合とほとんど同じですが，readInt() メソッドを用いて，int 型のデータをファイルから一つずつ読み込んでいます．

[プログラム 10.10: ch10/ByteStreamInput.java]

```java
1   import java.io.*;
2   class ByteStreamInput {
3       public static void main(String[] args) {
4           int[] d={1,2,3,4,5};
5           try(DataInputStream bin=new DataInputStream(
6                       new  BufferedInputStream(
7                               new FileInputStream("binfile.dat")))) {
8               for(int i=0; i<d.length; i++)
9                   System.out.println(bin.readInt());
10          } catch(Exception e) {
11              System.out.println(e);
12          }
13      }
14  }
```

10.6 ランダムアクセスファイル

いままで述べてきたファイルの入出力は，ファイルの先頭から後ろに向かって一方向に書き出したり，先頭から順に読み込むものでした．しかし，例えば 2 分探索木をファイル上に

作成したり，より高度なインデックス構造をファイル上に置きたい場合など，ファイル上で自由に位置を移動しながら読み書きしたいことがあります．これを実現するのがランダムアクセスファイルです．

ランダムアクセスファイルはRandomAccessFile（java.io.RandomAccessFile）というクラスで定義されています．データの読込みと書出しには，前節で述べたDataInputStreamやDataOutputStreamと同じメソッドを用いることができます．RandomAccessFileのコンストラクタの使用例を以下に示します．

```
RandomAccessFile rf=new RandomAccessFile(fileName,mode);
```

第1引数にはファイル名をStringで指定します．第2引数にはオープンするモードを文字列で指定します．もし，このランダムアクセスファイルを読込み専用で用いる場合には，モードに"r"を指定し，読み書きを行う場合には，"rw"を指定します．また，読み書きを終了する場合には，close()メソッドを呼びクローズします．プログラム10.11の例ではtry-with-resourceを用いているため，クローズ処理は省略しています．

ランダムアクセスファイルでは，ファイル上でデータを読み書きする位置を指定したり，現在読み書きしている位置を知る必要があります．これらを行うために，**表10.4**のメソッドがあります．これらの使い方をプログラムを用いて示します．

表10.4 RandomAccessFileのメソッド

名　　前	機　　能
void seek(long pos)	つぎの読み書き位置を指定する．
long getFilePointer()	ファイルの現在位置を知る．
long length()	ファイルの長さを返す．
void setLength(long leng)	ファイルの長さを指定する．

プログラム10.11では，10個のint型のデータをファイルに書き出していますが，一つ書き出すごとに，ファイル上での位置を配列posaryに格納しています．ファイルは**図10.1**に示すような1次元的なバイト列とみなすことができます．ファイルがオープンされた時点ではファイル上での読み書き位置を示すポインタ（これを以下ではfpとする）が，バイト列の先頭に置かれています．そしてint型データを一つ書き出す度にその位置が4バイトずつ後ろに移動します．9行目で，データを書き出す前にfpの位置をgetFilePointer()メソッドで得て，それを配列posaryに記録しています．データをすべて書き出した後，idata[9]，つまり最後に書き出したデータ位置から，先頭に向かって位置指定をしながら読み込み，その結果を標準出力に書き出しています．読み込む位置の指定は，配列posaryに記録されている値を使いseekメソッドで行っています．このseekメソッドはfpの位置を，読み込もうとするデータが記録されているバイト列の先頭に移動します．

[プログラム 10.11: ch10/RandomFile.java]

```
1   import java.io.*;
2   class RandomFile {
3       public static void main(String[] args) {
4           long[] posary=new long[10];
5           int[] idata={10,9,8,7,6,5,4,3,2,1};
6           try(RandomAccessFile rf=new RandomAccessFile("radata.dat","rw")) {
7               // まずデータを書き出す
8               for(int i=0; i<10; i++) {
9                   posary[i]=rf.getFilePointer();
10                  rf.writeInt(idata[i]);
11              }
12              // 逆順にデータを探しながら読みこむ
13              for(int i=9; i>=0; i--) {
14                  rf.seek(posary[i]);
15                  int val=rf.readInt();
16                  System.out.printf("i=%2d, val=%3d\n",i,val);
17              }
18          } catch(IOException e) {
19              System.out.println(e);
20          }
21      }
22  }
```

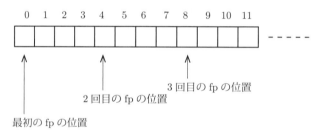

図 10.1　ファイルのランダムアクセス

length() は，このファイルのバイト単位の長さを返します．また，setLength(leng) はこのファイルの長さを leng に設定します．もし，現在のファイルの長さが leng より大きい場合には，そのファイルは切り詰められます．逆に，現在のファイルが leng より短い場合には拡張されます．

[実行例]
```
% java RandomFile
i= 9, val=  1
i= 8, val=  2
i= 7, val=  3
i= 6, val=  4
i= 5, val=  5
i= 4, val=  6
i= 3, val=  7
i= 2, val=  8
```

```
i= 1, val=  9
i= 0, val= 10
```

10.7　ファイルチューザ

7章から10章で多数のJavaFXのコントロールについて説明しましたが，ファイル操作時に頻繁に使われるコントロールについて説明していませんでした．アプリケーションプログラムでは，ファイルを開き，そのファイルの内容を読み込んだり，ファイルにデータを書き出したりします．ここで，本章で行ったようにファイル名をプログラム中に記述したり，コマンドラインの引数で受け取ることも可能ですが，多くのWindowsプログラムにおけるファイル操作では**ファイルチューザ**（**FileChooser**）と呼ばれる画面が表れ，フォルダやファイルの選択をGUIにより容易に行えます．以下では，このFileChooser（javafx.stage.FileChooser）のJavaでの利用について説明します．

以下で説明するプログラム10.12の実行画面を図10.2に示します．プログラムを起動すると左側上の画面が表れます．中央の「ファイル選択」というボタンを押下すると，右側のファイルチューザが表れます．ここでファイルを選択し，「開く」ボタンを押すと，ファイル名などの情報がアプリケーションに渡ります．このプログラムでは，ボタンの下にラベルを配置し，そこに選択されたファイル名を表示しています．

[プログラム10.12: ch10/FileChooserSample.java]

```
1   import java.io.File;
2   import javafx.application.Application;
3   import javafx.scene.Scene;
4   import javafx.scene.control.Button;
5   import javafx.scene.control.Label;
6   import javafx.scene.layout.VBox;
7   import javafx.stage.FileChooser;
8   import javafx.stage.Stage;
9
10  public class FileChooserSample extends Application {
11      Label lb=new Label();
12      @Override
13      public void start(Stage stage) {
14          Button btn = new Button("ファイル選択");
15          btn.setOnAction(event -> fileOpen(stage));
16          VBox root = new VBox();
17          root.getChildren().addAll(btn, lb);
18          Scene scene = new Scene(root, 200, 100);
19
20          stage.setTitle("FileChooser");
21          stage.setScene(scene);
22          stage.show();
23      }
24
25      void fileOpen(Stage stage) {
26          FileChooser fc=new FileChooser();
27          fc.setInitialDirectory(new File("C:\\home\\abc"));
```

```
28              File file=fc.showOpenDialog(stage);
29              if(file != null && file.isFile()) {
30                  lb.setText(file.getName());
31              }
32          }
33      }
```

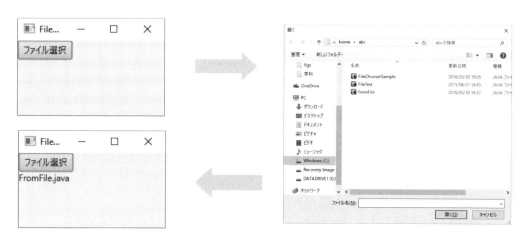

図 10.2　FileChooser の例

15 行目に示すように，ボタンが押されると，25 行目以下の fileOpen が実行されます．26 行目で FileChooser のオブジェクトをつくっています．27 行目では，ファイルチューザに最初に表示されるフォルダを設定しています．この設定が行われていないとき，Windows10 では PC の画面がファイルチューザに表示されます．

28 行目の処理でファイルチューザが画面に表れます（図 10.2）．その画面から目的とするファイルを選び「開く」ボタンを押すと，選ばれたファイルのオブジェクトが file に返されます．29 行目では，戻り値が null でなく，かつ選ばれたものがファイル（他にフォルダがあります）であれば，そのファイル名を得て，ラベルに表示しています．ファイルチューザで「取り消し」ボタンが押された場合，file には null が返されます．

プログラム 10.12 では，ファイルチューザに指定したフォルダ内のすべての種類のファイルが表示されます．しかし，アプリケーションごとに対象とするファイルの種類が決まっており，表示されるファイルも種類もアプリケーションが対象とするものに絞り込みたい場合があります．そのためには，ファイルチューザに ExtensionFilter（javafx.shape.FileChooser.ExtensionFilter）を設定します．

いま，フォルダ内の java ソースファイル（拡張子は.java）と，テキストファイル（拡張子は.txt）のみを表示したいとき，26 行目の下に，つぎの文を追加します．

```
fc.getExtensionFilters().addAll(
    new ExtensionFilter("Text Files","*.txt");
    new ExtensionFilter("Java Source","*.java"));
```

この追加を行った後の表示画面を図 10.3 に示します．ExtensionFiler のコンストラクタの第 1 引数は右下の楕円で囲んだ部分に表示される文字列です．ファイルの種類を判別しやすい文字列を指定します．また，第 2 引数には * につづけてそのファイルの拡張子を指定します．楕円で囲んだ部分は，ドロップダウンリストになっており，上で述べたように指定したファイルの種類を選択できます．このドロップダウンリストに表示される順番は，addAll メソッドに記述した順番になります．

図 10.3 拡張子による絞り込み

章 末 問 題

【1】 以下の文章のうち，誤っている文章を選び，番号で答えなさい．
 (1) `System.out.printf` というメソッドは，`import System.*;` という宣言をファイルの先頭に記述することにより，`out.printf` で呼び出すことができる．
 (2) `System.in.read()` メソッドは，例外を発生する可能性があるため，try-catch 文の中に記述するか，それを呼び出すメソッドが例外を throw しなければならない．
 (3) Scanner クラスで入力を行うとき，整数データの読込みは hasNextInt() メソッドを用いて行う．
 (4) ファイル名の変更は，java.nio.Files クラスを用いて行える．
 (5) バイナリーデータの出力には java.io.DataOutputStream を用いる．
 (6) ランダムアクセスファイルにおいて，ファイル中での読込み位置を指定するためには，getFilePointer メソッドを用いる．

【2】 つぎのプログラムは，java.io.PrintWriter クラスを用いて，カレントフォルダの `text.txt` という名前のファイルに 1 行の文字列を書き込み，ファイルを閉じる一連の流れが記述されている．空白の (A)～(C) を埋めてプログラムを完成させなさい．

```
public class WriteString {
    public static void main(String args[]) (A) IOException {
        PrintWriter pw=new PrintWriter( (B) ) ;
        pw.println("ファイルに出力する文字列");
        (C);
    }
}
```

【3】 文字列 str に入れられている二つの数値（一つは整数，他の一つは実数）を読み取り，それぞれ整変数 i と実変数 d に代入するプログラム（あるクラスの main メソッド）を以下のように作成した．(A)〜(D) の部分を記述し，プログラムを完成させなさい．

```
public static void main(String[] args) {
    int i;
    double d;
    String str="15 8.11";
    Scanner sin=(A);
    (B)
        i=(C);
        d=(D);
    }
    catch(Exception e) {
        System.out.println("入力時エラー");
    }
}
```

【4】 変数 i の値を，10 進数と 16 進数で標準出力に表示する文を書きなさい．

【5】 Java で標準的に用いられる文字コードを答えなさい．

【6】 ランダムアクセスファイルはどのような場合に用いられるか，例を挙げて説明しなさい．

演 習

10.1 test.dat という名前のファイルに，以下のレコードをもつデータが複数行記述されている．このファイルを読み込み，各列の合計値と平均値を求めて表示するプログラムを書きなさい．

　　　整数値，実数値，整数値
〔例〕　10,12.53,5
　　　16,123.175,8
　　　7,3.156,76

10.2 文字列がカンマ","で区切られて並べられている CSV ファイルを読み込み，2 次元配列に格納するプログラムを書きなさい．ただし，CSV ファイルの行数と 1 行に記述されている文字列の個数はファイルごとに異なるものとする．また，単純化のために，

文字列はカンマを内に含まないものとする．
〔ヒント〕
- CSV ファイルを一度最終行まで読み込めば，その行数がわかる．
- CSV ファイルの各行は，Scanner の nextLine() メソッドで読み込める．
- String クラスの split メソッドで，カンマで区切られた各要素が String 型の配列に得られる．
- その配列の長さがわかれば，1 行の要素数がわかる．

11 クラスライブラリー

Java Programming

Java には汎用的に利用できる多くのクラスライブラリーが用意されており，これらを用いることにより効率的なプログラミングを行えます．本章では，それらのクラスライブラリーのうち，実際のプログラミングでよく用いられるものについて説明します．クラスライブラリーの各クラスのメソッド数は多く，紙面の都合から網羅することはできません．クラスの詳細については，オンラインマニュアルを参照してください．

11.1 Math クラス

数学関数は，**Math** (java.lang.Math) クラスに含まれています．Math クラスのメソッドの例を**表 11.1** に示します．これらのメソッドは，Math クラスのクラスメソッドであるため，インスタンスを生成することなく使うことができます．

sin, cos, tan などの三角関数を使う場合，引数の単位はラジアンです．そこで，角度とラジアンの変換を行うメソッド toDegrees と toRadians が用意されています．これらはつぎのように使用します．

```
double dv=Math.sin(Math.toRadians(45.0));
double dr=Math.toDegrees(Math.asin(0.5));
```

上の行では，45°の sin 値を知るために，まず 45°をラジアン値に変換し，その結果を sin 値の引数として渡しています．下の行では，0.5 の arcsin 値を求め，その結果を角度に変換しています．

Math クラスには疑似乱数を発生させるメソッド Math.random() があります．これは $[0.0, 1.0)$ 区間の乱数を実数値（double 型）で得るメソッドです．乱数のシードを変えて多様な系列の乱数を発生させたり，ガウス分布の乱数を発生させたりするメソッドは，Random (java.util.Random) クラスにあります．

Math クラスには，メソッドの他，円周率 π や自然対数の底 e の値が，クラスフィールドで定義されています．これらはつぎのように参照します．

11.1 Math クラス

表 11.1 Math クラスのメソッド例

戻り値の型	メソッド名	説　　　明
type	abs(type v)	type* 型の v 値の絶対値を返す.
double	acos(double v)	v の値の逆余弦を $0 \sim \pi$ 範囲で返す.
double	asin(double v)	v の値の逆正弦を $0 \sim \pi$ 範囲で返す.
double	atan(double v)	v の値の逆正接を $-\pi/2 \sim \pi/2$ の範囲で返す.
double	cos(double v)	v の角度の余弦を返す.
double	sin(double v)	v の角度の正弦を返す.
double	tan(double v)	v の角度の正接を返す.
double	exp(double v)	オイラー数 (e) を v 乗した値を返す.
double	log(double v)	v 値の自然対数値を返す.
type	max(type a,type b)	type 型の値 a, b の大きい側を返す.
type	min(type a,type b)	type 型の値 a, b の小さい側を返す.
double	pow(double a,double b)	a^b の値を返す.
double	random()	$[0.0, 1.0)$ の範囲の擬似乱数値を返す.
long	round(double v)	v 値に最も近い long 値を返す.
double	sqrt(double v)	$\sqrt{v}$ の値を返す.
double	toDegrees(double v)	ラジアンの角度 v を度に変換する.
double	toRadians(double v)	度の角度 v をラジアンに変換する.

* type は double, float, int, long のいずれか.

```
pi=Math.PI;  //円周率

e=Math.E;    //オイラー数
```

プログラム 11.1 に, Math クラスのいくつかのメソッドの利用例を示します.

[プログラム 11.1: ch11/MathClassSample.java]

```
1   class MathClassSample {
2       public static void main(String[] args) {
3           double a;
4           long i;
5           a=Math.abs(-10.5);
6           System.out.println("-10.5 の絶対値は: "+a);
7           a=Math.cos(Math.toRadians(30.0));
8           System.out.println("30 度の cos は: "+a);
9           a=Math.toDegrees(Math.asin(0.5));
10          System.out.println("arcsin(0.5) は: "+a+"度");
11          i=Math.round(4.678);
12          System.out.println("4.678 を四捨五入すると: "+i);
13          a=Math.log10(2.0);
14          System.out.println("2 の常用対数は: "+a);
15          a=Math.log(2.0);
16          System.out.println("2 の自然対数は: "+a);
17          a=Math.pow(4.0,5.0);
18          System.out.println("4 を 5 乗した値は: "+a);
19      }
```

20   }
```

また，実行結果を以下に示します．

[実行例]
```
% java MathClassSample
-10.5 の絶対値は: 10.5
30 度の cos は: 0.8660254037844387
arcsin(0.5) は: 30.000000000000004 度
4.678 を四捨五入すると: 5
2 の常用対数は: 0.3010299956639812
2 の自然対数は: 0.6931741805599453
4 を 5 乗した値は: 1024.0
```

## 11.2　Arrays

配列でデータを管理しているとき，その配列の要素をソーティングしたり，2 分探索法を用いて特定のデータを高速に探したい場合があります．そのためには，**Arrays** (java.util.Arrays) を用いると便利です．

プログラム 11.2 は，Arrays クラスを用いて配列をソートし，指定されたデータを 2 分探索法で検索しています．Arrays のメソッドは static メソッドです．したがって，Math クラスと同様にオブジェクトを作成することなく使います．

[プログラム 11.2: ch11/ArraysSample.java ]

```
1   import java.util.*;
2   class ArraysSample {
3       public static void main(String[] args) {
4           int[] data={5,7,2,8,4,1,9,6};
5           printAll("Before-sort:",data);
6           Arrays.sort(data);
7           printAll("After-sort :",data);
8           System.out.println("5 is at "+Arrays.binarySearch(data,5)+" in data");
9           System.out.println("3 is at "+Arrays.binarySearch(data,3)+" in data");
10      }
11      private static void printAll(String s,int[] ary) {
12          System.out.println(s);
13          for(int i=0; i<ary.length; i++)
14              System.out.print(" "+ary[i]);
15          System.out.println();
16      }
17  }
```

6 行目は配列 data を昇順にソートします．8 行目は 5 を配列の中から探しています．3 が結果に返されていますが，これは 5 がソートされた後の data 配列中の 3 番目 (data[3]) にあることを示しています．9 行目では 3 を配列中から探していますが，このデータは配列中
```

にありません．探索結果として −3 が返されています．この値はつぎの意味をもっています．まず，存在しないデータの場合にはマイナス（< 0）の値が返されます．また，3 の意味は，探そうとしたキーより大きな最初の要素のインデックス（この場合には 4 の位置である 2）に 1 を加えたものです．

[実行例]
```
% java ArraysSample
Before-sort:
 5 7 2 8 4 1 9 6
After-sort :
 1 2 4 5 6 7 8 9
5 is at 3 in data
3 is at -3 in data
```

ここで例に挙げたのは，基本データ型（int）の配列でしたが，Arrays はどのようなオブジェクトの型の配列にも適用できます．しかし，その場合に配列内のオブジェクト同士を比較できる必要があります．これについては，11.5 節で述べます．

11.3 時間と日付

プログラム中のアルゴリズムやデータ構造の性能を評価するために，プログラムの実行時間を知りたいことがあります．プログラム 11.3 では，DATA_NUMBER 個のデータを乱数で発生させ，10 行目でそれを Arrays クラスの sort メソッドでソートしています．このソート部分の実行時間を計測するものです．

9 行目と 11 行目の System.currentTimeMillis() は，呼び出されたときの時間をミリ秒〔ms〕単位で返します．時間を測定したい部分の上下でこのメソッドを呼び出し，差をとることにより処理時間を得ることができます．

[プログラム 11.3: ch11/Elapse.java]
```
1   import java.util.Arrays;
2
3   public class Elapse {
4       public static void main(String[] args) {
5           final int DATA_NUMBER=100000;
6           double ary[]=new double[DATA_NUMBER];
7           for(int i=0; i<DATA_NUMBER; i++)
8               ary[i]=Math.random();
9           long start=System.currentTimeMillis();
10          Arrays.sort(ary);
11          long end=System.currentTimeMillis();
12          System.out.println("time="+(end-start)+" ms");
13      }
14  }
```

[実行例]
```
% java Elapse
time=31 ms
```

DATA_NUMBER の値が小さいとき，このプログラムでは 0 ms と表示されてしまうことになります．そこで，より短い時間を測定するためには，

　　　　`long System.nanoTime()`

を使います．このメソッドではナノ秒（ns：10^{-9} s）で測定可能なため，ごく短い時間経過を計測できます．例えば，プログラム 11.3 で DATA_NUMBER の値を 100 としたとき，ナノ秒では以下のように表示されました．

[実行例]
```
% java Elipse
time=345342 ns
```

`System.currentTimeMillis()` で得られる時間は，グリニッジ標準時（GMT）の 1970 年 1 月 1 日 0 時 0 分 0 秒を開始点とする積算ミリ秒値です．一方，Instant クラス（java.time.Instant）の now() というスタティックメソッド（`Instant.now()`）により，日付や時間をわかりやすい形で得られます．

プログラムを作成するとき，日付や時間を記録したい場合があります．例えば，実行のログを記録するときやデータベースへ登録したり修正したりする場合に，日付や時間が必要になります．このために，LocalDateTime クラス（java.time.LocalDateTime）があります．このクラスを用いる例をプログラム 11.4 に示します．

[プログラム 11.4: ch11/CalendarSample.java]

```java
import java.util.*;
import java.time.*;
import java.time.format.*;
import java.time.chrono.*;
public class CalendarSample {
    public static void main(String[] args) {
        Instant now=Instant.now();
        System.out.println(now);
        LocalDateTime ins=LocalDateTime.now();
        System.out.println(ins);
        System.out.println(ins.getYear()+"年"
                          +ins.getMonth().getValue()+"月"
                          +ins.getDayOfMonth()+"日"
                          +ins.getHour()+"時"+
                          ins.getMinute()+"分"
                          +ins.getSecond()+"秒");
        String fins=ins.format(DateTimeFormatter.ISO_LOCAL_DATE_TIME);
        System.out.println(fins);
        LocalDateTime ldt=LocalDateTime.parse("2010-01-20T13:40:50");
        String fldt=ldt.format(DateTimeFormatter.ISO_LOCAL_DATE_TIME);
        System.out.println(fldt);
        JapaneseDate jins=JapaneseDate.now();
        System.out.println(jins);
    }
}
```

現在日時は，7 行目のように，Instant.now() によって得られます．ただし，単純に得られた結果を出力した場合にはグリニッジ標準時が表示されます．一方，現在地（日本と仮定）での日時は LocalDateTime.now() で取得できます．両者の間には 9 時間の時差があることがわかります．LocalDateTime（java.time.LocalDateTime）のオブジェクトから年や月，日を得るためには，getYear()，getMonth()，getDayOfMonth() メソッドを使います．時間，分，秒の値を得るメソッドもあります．9 行目から 14 行目まではそれぞれの値を得ています．ここで，月の値を得るために getMonth().getValue() としているのは，getMonth() だけでは月の値が MARCH のように英語名で得られるためです．そこで，getValue() により，月を数字で得ています．

LocalDateTime は，あらかじめ用意されているフォーマットを指定することにより書式を変えられます．17 行目は ISO_LOCAL_DATE_TIME という書式で変換し，出力したものです．書式はこの他に多数の種類が用意されています．

LocalDateTime は現在時間の他，任意の時間を設定したものを作成できます．19 行目では ldt に文字列で指定した日時のオブジェクトがつくられます．

平成，昭和，大正，明治のような日本の年号で表示するためには，JapaneseDate（java.time.chrono.JapaneseDate）クラスを使います．ただし，このクラスのインスタンスをそのまま出力する場合には，実行例のように年号の部分がアルファベット表記になります．

[実行例]
```
% java CalendarSample
2016-03-31T04:44:45.760Z
2016-03-31T13:44:45.812
2016 年 3 月 31 日 13 時 44 分 45 秒
2016-03-31T13:44:45.812
2010-01-20T13:40:50
Japanese Heisei 28-03-31
```

11.4　コレクションクラス

処理効率よく動く実用的なプログラムをつくる際には，扱うデータの性質やそれらに対して実行される処理に合わせて最適なデータ構造を用いる必要があります．例えば，2 分探索木，連結リスト，待ち行列，スタック，ハッシュ表，ヒープなどのデータ構造があり，それぞれが特徴をもっています．本節以降で扱う多くのクラスは，java.util パッケージに含まれています．そこで，このパッケージに含まれるクラスやインタフェースについてはパッケージ名を省略します．

これらのデータ構造は，データの集まりを管理します．Java ではこれらのデータ構造を総称してコレクションと呼び，さまざまなコレクションのためのクラス（コレクションクラス）が用意されています．コレクションクラスは，扱うデータの性質，またはデータ管理の性質に併せて，いくつかのインタフェースを実装しています．**表 11.2** は，コレクションクラス

表 11.2 コレクションクラスのインタフェース

List	データが順番に並んだもの，例えば配列や連結リスト
Set	集合．重複のないデータの集まり
Queue	待ち行列．データの参入順に取り出す．
Map	キーと値のペアを管理する．

に実装されているインタフェースの例を示します．

まず，List は配列のように，順序づけられたオブジェクトの集まりを管理します．「k 番目の要素」というように，位置を指定してデータを取り出すことができます．配列と異なるのは，オブジェクトの作成時にサイズを決める必要がないことです．このインタフェースを実装しているクラスには，ArrayList，Vector，LinkedList などがあります．

Set はデータの重複を許さないコレクション型のためのインタフェースです．ここで，データの重複とは，Set に入れられるオブジェクト同士を equals で比較したときすべての組み合わせで false を返すデータの集まりです．つまり二つのオブジェクトを o1, o2 とするとき，o1.equals(o2) が false となるものが Set です．このインタフェースを実装しているクラスには，TreeSet，HashSet などがあります．

Queue は LinkedList や PriorityQueue クラスで実装されています．待ち行列や優先順位付待ち行列を実現するクラスに実装されているインタフェースです．

Map はキーと値をペアにして管理し，キーを指定して値を得るクラスに実装されているインタフェースです．HashMap，TreeMap，Hashtable などのクラスに実装されています．

11.5 コレクションクラスのインタフェース

本節では，コレクションクラスを利用する際に必要になる事項について説明します．

前節で，コレクションクラスには要素の重複を許さないセット型（本来の意味での集合型）があることを述べました．そのようなクラスではインターフェース Set が実装されています．この Set 型に同じ要素を追加しても，要素数は増えず，同じ要素はコレクション中に 1 個のみ含まれます．また，このコレクションクラスの中には要素に順序づけを行い，その順序に従った操作が可能なものもあります．例えば，最小の要素や最大の要素を返すコレクション型です．それらには SortedSet インタフェースが実装されています．

このような集合管理において重要となるのは，同じオブジェクトか否かの判定とオブジェクト間の大小比較です．まず，同じオブジェクトであるかの判定は，4.6 節で述べたように，すべてのオブジェクトが継承している equals メソッドで行えます．しかし Object クラスで用意されているメソッドは，そのオブジェクトが置かれているメモリ上のアドレスを用いて同じか否かの判定を行うものです．同じ内容でメモリ上のアドレスは異なる（つまり，同じ内容でかつ別々に new された）オブジェクトが複数あった場合，それらは異なるオブジェクトと判定されることになります．

基本データ型のラッパークラス（例えば，Integer や Double）や String クラスでは equals

メソッドがオーバーライドされ，同じ内容であれば真値を返すように定義されています．例えば，つぎのプログラムを実行したとき，Integer 型のインスタンス a と b は異なるオブジェクトであるにもかかわらず，内容が同じため「a と b は同じ」と表示されます．これは String 型でも同じでした．

```
class EqualsTest {
    public static void main(String[] args) {
        Integer a=new Integer(10);
        Integer b=new Integer(10);
        if(a.equals(b))
            System.out.println("a と b は同じ");
        else
            System.out.println("a と b は異なる");
    }
}
```

ユーザにより定義された一般のクラスにおいても，内容が同じオブジェクト同士を同じものとみなすためには，equals メソッドをオーバーライドする必要があります．以下は，x, y 座標をデータとしてもつ Point クラスで，座標が一致すれば真値を返す equals メソッドの例です．

```
class Point {
    int x,y;
    @Override
    boolean equals(Point p) {
        if(this.x==p.x && this.y==p.y) return true;
        return false;
    }
}
```

SortedSet インターフェースを実装するクラスでは，集合を決められた順序でソートするために Comparator インターフェースを実装します．Comparator については，5.7 節で述べました．

プログラム 11.5 の 8 行目から 17 行目は，PointCompare クラスを定義しています．そこで定義しているメソッド compare は，二つのオブジェクト p1 と p2 で，x 値が小さいものが小さく，x 値が同じ場合は y 値が小さいものが小さいという順序を設定しています．21 行目では，PointCompare のインスタンスを作成しています．つぎに 22 行目で TreeSet というコレクションクラスのコンストラクタを呼び，そこに上で作成したインスタンスを設定しています．これにより，この TreeSet での大小比較は PointCompare クラスの compare メソッドで行われることになります．23 行目から 26 行目では四つの Point オブジェクトを TreeSet に加えています．27 行目の first メソッドはこの TreeSet 中の最小の要素を得るものであり，つぎに last メソッドは最大の要素を得るものです．下の実行結果のように，最小要素，最大要素とも意図したとおりの結果が得られています．

[プログラム 11.5: ch11/PointCompareSample.java]

```java
1    import java.util.*;
2    class Point {
3        int x,y;
4        Point(int x,int y) {
5            this.x=x; this.y=y;
6        }
7    }
8    class PointCompare implements Comparator<Point> {
9        @Override
10       public int compare(Point p1,Point p2) {
11           if(p1.x < p2.x) return -1;
12           if(p1.x > p2.x) return 1;
13           if(p1.y < p2.y) return -1;
14           if(p1.y > p2.y) return 1;
15           return 0;
16       }
17   }
18
19   public class PointCompareSample {
20       public static void main(String[] args) {
21           PointCompare comp=new PointCompare();
22           TreeSet<Point> ts=new TreeSet<Point>(comp);
23           ts.add(new Point(30,20));
24           ts.add(new Point(10,30));
25           ts.add(new Point(20,15));
26           ts.add(new Point(15,20));
27           Point f=(Point)ts.first();
28           Point l=(Point)ts.last();
29           System.out.println("first="+f.x+","+f.y);
30           System.out.println("last ="+l.x+","+l.y);
31       }
32   }
```

[実行例]
```
% java PointCompareSample
first=10,30
last =30,20
```

オブジェクト間の大小比較を行うためには，別の方法があります．それはクラスを定義する際に，**Comparable** (java.lang.Comparable) インタフェースを実装する方法です．例えば，先の Point クラスのオブジェクト同士を比較するためには，つぎのように Comparable インタフェースを実装します．

```java
class Point implements Comparable {
    int x,y;
    @Override
    public int compareTo(Object obj) {
        Point o=(Point) obj;
        if(this.x < o.x) return -1;
        if(this.x > o.x) return 1;
        if(this.y < o.y) return -1;
```

```
            if(this.y > o.y) return 1;
            return 0;
        }
    }
```

　compareTo(obj) は，自身の値が obj より大きければ 1 を，小さければ −1 を，等しければ 0 をそれぞれ返す関数です．このように，Comparable インタフェースが実装されたオブジェクト間では，compareTo を呼ぶことにより大小比較ができます．また，Comparable インタフェースを実装しているクラスのオブジェクトは「自然な順序づけをもつ」といわれます．つまり，上の例では Point クラスは自然な順序づけをもつことになります．

　Comparator インタフェースの compare メソッドと，Comparable インタフェースの compareTo メソッドの働きは同じですが，使い方が異なるので注意してください．二つの Point 型オブジェクト p1 と p2 の比較は，それぞれのメソッドを用いてつぎのように行います．

```
    int i=compare(p1,p2);
    int i=p1.compareTo(p2);
```

　HashMap，HashTable などのクラスでは，Object クラスがもつ hashCode メソッドと equals メソッドが正しく実装されていなければなりません．hashCode はオブジェクトごとに異なる整数値を返すメソッドであり，この値を基にハッシュテーブル中への登録位置が決定します．必ずしもすべてのオブジェクトで異なる値である必要はありませんが，できるかぎりオブジェクトごとに異なる値であるほうが，コレクションクラス内の管理効率がよくなります．

　また，hashCode はつぎの性質を満たさなければなりません．

- 同じオブジェクトは同じハッシュコードを返す．
- equals メソッドが true を返す二つのオブジェクトでは，ハッシュコードが同じになる．
- equals メソッドが false を返す二つのオブジェクトが同じハッシュコードを返してもよい．しかし，可能なかぎり異なる値を返すほうが管理効率が向上する．

11.6　コレクションクラスの例

11.6.1　ArrayList クラス

　データの集まりを管理するには，配列を用いることができます．しかし，配列はオブジェクトの作成時にサイズ（要素数）が定められなければならず，要素数を予測できない場合に不便です．これに対して ArrayList クラスでは必要な場合サイズが自動的に拡大されます．

　以降で述べるコレクションクラスでは，要素にはすべてクラスインスタンスを指定します．したがって，基本データ型である int や double などをコレクション型で扱う際には，5.5 節で述べたラッパークラスを用いてオブジェクトに変換しなければなりません．**表 11.3** にこのクラスのメソッドの例を示します．

　プログラム 11.6 は ArrayList を用いた例を示しています．このプログラムは，String 型のオブジェクトを ArrayList に追加する，削除する，検索する，などの処理を行っています．

表 11.3　ArrayList クラスのメソッド例（抜粋）

戻り値の型	メソッド名	説明
void	add(int idx,Object elm)	リストの idx の位置に要素 elm を挿入する．
void	add(Object elm)	リストの最後に，要素 elm を追加する．
void	clear()	リストからすべての要素を削除する．
boolean	contains(Object elm)	リスト中に要素 elm が含まれる場合に true を返す．
Object	get(int idx)	リスト中の idx 位置の要素を返す．
int	indexOf(Object elm)	要素 elm と等しい要素位置を返す．存在しない場合は −1 を返す．
Object	remove(int idx)	idx の位置から要素を削除する．
Object	set(int idx,Object elm)	リスト中の idx 位置の要素を elm に置き換える．
int	size()	リスト中の要素数を返す．

[プログラム 11.6: ch11/ArrayListSample.java]

```
1   import java.util.*;
2   class ArrayListSample {
3       public static void main(String[] args) {
4           List<String> ary=new ArrayList<>();
5           ary.add("aaa");
6           ary.add("bbb");
7           ary.add("ccc");
8           System.out.println("3つのオブジェクトを追加");
9           for(int i=0; i<ary.size(); i++)
10              System.out.print(ary.get(i)+" ");
11          ary.add(1,"ddd");
12          System.out.println("\nddd を 2 番目に挿入");
13          for(int i=0; i<ary.size(); i++)
14              System.out.print(ary.get(i)+" ");
15          ary.remove(2);//"bbb"を削除
16          System.out.println("\nbbb を削除");
17          for(int i=0; i<ary.size(); i++)
18              System.out.print(ary.get(i)+" ");
19          boolean yn=ary.contains("ccc");
20          System.out.println("\nccc が ary に含まれるか? "+yn);
21      }
22  }
```

　まず，4 行目で ArrayList を作成しています．左辺の変数（ary）の型に List を指定していますが，List は ArrayList に実装されているインタフェースです．コレクションクラスを用いる場合には，変数の定義をインタフェース型で行うことが好まれます．ただし，この場合インタフェースに定義されていないクラス独自のメソッドはインタフェース型の変数では呼び出すことができないので注意が必要です．もちろん変数の型を `ArrayList<String>` と指定してもかまいません．また，右辺の `ArrayList<>` で String が省略されていますが，ここには `ArrayList<String>` と書いても問題ありません．実際には，4 行目のようなダイアモンド記法がよく用いられます．

　5 行目から 7 行目で三つのオブジェクトを ArrayList に追加しています．オブジェクトの追加には，追加するオブジェクトを引数として add メソッドを呼び出します．10 行目では，

ArrayList の内容を印字出力しています．get は，引数で指定された位置のオブジェクトを得ます．ArrayList 中での位置は配列と同様に 0 から数えます．11 行目では 2 引数の add メソッドを用いて，第 1 引数で指定した位置（この場合には 1 であるので，2 番目の位置）に新たなオブジェクト ddd を追加しています．15 行目は，指定した位置のオブジェクトを ArrayList から削除する処理です．19 行目は，contains メソッドにより，引数で指定したオブジェクトが ArrayList に含まれているか検索しています．存在すれば true が，存在しなければ false が返されます．

このプログラムの実行結果を以下に示します．

[実行例]
```
% java ArrayListSample
三つのオブジェクトを追加
aaa   bbb   ccc
ddd を 2 番目に挿入
aaa   ddd   bbb   ccc
bbb を削除
aaa   ddd   ccc
ccc が ary に含まれるか? true
```

11.6.2 Stack クラス

Stack クラスは，名のとおりスタックのコレクションクラスです．このクラスは単純で，push, pop, peek, search などのスタック操作メソッドをもっています．利用例をプログラム 11.7 に示します．

[プログラム 11.7: ch11/StackSample.java]
```
1   import java.util.*;
2   class StackSample {
3       public static void main(String[] args) {
4           Stack<Integer> stk=new Stack<>();
5           stk.push(10);
6           stk.push(20);
7           stk.push(30);
8           int val=stk.peek();
9           System.out.println("Peek: "+val);
10          int pos=stk.search(10);
11          System.out.println("10 の位置は: "+pos);
12          while(stk.empty()==false) {
13              val=stk.pop();
14              System.out.println(val+" poped");
15          }
16      }
17  }
```

4 行目は，Integer クラスのオブジェクトを扱うスタックを定義しています．5 行目から 7 行目では，三つの整数オブジェクトを push しています．8 行目は，スタックの最も上にある値を peek しています．peek は値を知るだけで，取り出しません．したがってこのメソッド

の呼び出し後スタックの内容は変わりません．10 行目では，10 という値がスタック中で存在する位置を求めています．位置はスタックの最上が 1 となる値であり，10 は現在 3 番目の位置に存在していることになります．指定した数値がスタック上に存在しないときには，-1 が返されます．12 行目の empty メソッドは，スタックが空か否かを判定するメソッドです．ここでは，スタックが空でないうち pop してその値を表示しています．

このプログラムの実行例を以下に示します．

[実行例]
```
% java StackSample
Peek: 30
10 の位置は: 3
30 poped
20 poped
10 poped
```

11.6.3 HashMap クラス

HashMap クラスを用いることにより，連想記憶を実現できます．例えば，以下の例に示すように名前と年齢のペアを登録しておき，名前が指定されたときその人の年齢を知りたいものとします．これは，名前をキーとしたハッシュ表を作成することにより実現できます．具体例を，プログラム 11.8 に示します．

[プログラム 11.8: ch11/HashMapSample.java]

```
1    import java.util.*;
2    public class HashMapSample {
3        public static void main(String[] args) {
4            HashMap<String,Integer> hmap=new HashMap<>();
5            hmap.put("山田太郎",25);
6            hmap.put("鈴木一郎",30);
7            hmap.put("本田花子",20);
8            hmap.put("豊田陽子",22);
9            System.out.println("現在の要素数は?:"+hmap.size());
10           System.out.println("中川次郎は存在する?:"+hmap.containsKey("中川次郎"));
11           System.out.println("鈴木一郎は存在する?:"+hmap.containsKey("鈴木一郎"));
12           int age=hmap.get("本田花子");
13           System.out.println("本田花子の年齢は?:"+age);
14       }
15   }
```

まず 4 行目で HashMap クラスを定義しています．HashMap の総称型には二つの型の指定が必要です．そこで 4 行目左辺では HashMap<String,Integer>と指定しています．右辺はダイアモンド演算子を用いて省略しています．このように，二つ以上の型を指定する場合でもダイアモンド記法は一つの場合と同じです．5 行目から 8 行目で 4 件のレコードを挿入しています．HashMap に登録されている要素数は，9 行目のように size メソッドにより得られます．10 行目，11 行目では，キーの値を指定して，それがハッシュ表に登録されているかを確認しています．12 行目はキーを指定して，そのキーと対応づけられた値を得ています．

プログラム 11.8 の実行例を以下に示します．

[実行例]
```
% java HashMapSample
現在の要素数は?:4
中川次郎は存在する?:false
鈴木一郎は存在する?:true
本田花子の年齢は?:20
```

11.6.4 PriorityQueue クラス

PriorityQueue クラスは優先順位付きキューを提供するクラスです．値の大きい順に取り出すか，または小さい順に取り出すかは自然な順序づけに従うか，または Comparator を与えることにより判定されます．

このクラスを用いた例をプログラム 11.9 に示します．

[プログラム 11.9: ch11/PriorityQueueSample.java]

```
1   import java.util.*;
2   class PriorityQueueSample {
3       public static void main(String[] args) {
4           PriorityQueue<Integer> pq=new PriorityQueue<>();
5           pq.offer(15);
6           pq.offer(5);
7           pq.offer(10);
8           pq.offer(2);
9           while(pq.size() > 0) {
10              System.out.println("Data="+pq.poll());
11          }
12      }
13  }
```

4 行目で PriorityQueue を定義し，5 行目から 8 行目でそこに四つのデータを入れています．ここで offer というメソッドを用いていますが，add というメソッドもあり，動作は同じです．9 行目の size メソッドは，現在の（この例では繰り返すごとに数が減っていく）要素数を得るメソッドです．9 行目から 11 行目では，その値が正の間 poll メソッドで要素を取り出し（その要素は PriorityQueue から削除される），値を印字出力しています．

11.6.5　TreeSet

TreeSet は Set 型であるため，同じデータの重複を認めません．つまり，同じデータが複数回入れられても，保持しているデータは一つだけです．この TreeSet を使用したプログラム例をプログラム 11.10 に示します．

[プログラム 11.10: ch11/TreeSetSample.java]

```
1   import java.util.*;
2   class TreeSetSample {
3       public static void main(String args[]) {
4           TreeSet<Integer> s=new TreeSet<>();
```

```
 5              int[] data={6,5,5,4,7,1};
 6              for(int i=0; i<data.length; i++) {
 7                  System.out.println("Add data["+i+"]="+data[i]);
 8                  s.add(data[i]);
 9                  System.out.println("size="+s.size());
10              }
11          }
12      }
13
14
```

このプログラムを実行すると，TreeSet に入れられたデータと，そのときの TreeSet 中のデータ数が表示されます．5 が 2 回入れられていますが，2 回目に入れられたときには size が増えていません．TreeSet は集合を管理し，指定したデータの存在を確認したり，検索しようとした値に最も近い集合中のデータを探したり，範囲内のデータをすべて求める，などの検索を高速に実行することができます．

[実行例]
```
% java TreeSetSample
Add data[0]=6
size=1
Add data[1]=5
size=2
Add data[2]=5
size=2
Add data[3]=4
size=3
Add data[4]=7
size=4
Add data[5]=1
size=5
```

11.6.6 拡張 for 文とイテレータ

配列では，拡張 for 文を使うことができることを述べました．例えばつぎのように使うことができます．

```
int[] ary={1,2,3,4,5,6};
for(int i: ary)
  System.out.print(" "+i);
```

コレクションクラスでも，List や Set インタフェースを実装しているクラスでは拡張 for 文が使えます．厳密には，Iterable インタフェースを実装しているクラスに対して使えます．例えば，拡張 for 文を用いて，プログラム 11.6 の 9 行目と 10 行目はつぎのように書き換えられます．

```
for(String s: ary)
```

```
  System.out.println(s+" ");
```

Iterable と似たインタフェースに Iterator があります．これを実装しているクラスでは，別の形の繰り返し文を書くことができます．先ほどと同様に，プログラム 11.6 の 9 行目と 10 行目の繰り返しを Iterator インタフェースのメソッドを用いて書き換えたものを示します．

```
  Iterator<String> iter=ary.iterator();
  while(iter.hasNext()) {
    String s=iter.next();
    System.out.print(s+" ");
  }
```

11.6.7 その他のコレクションクラス

コレクションクラスには，この他にいくつかのクラスが存在します．例えば Vector, LinkedList, HashTable などです．

Vector は ArrayList と同様に，拡張できる配列を提供します．そのため，ArrayList を使いたい場合に Vector を選択することができます．しかし，Vector クラスは 12 章で述べるマルチスレッドのプログラムにおいて複数のスレッドが同じ Vector オブジェクトにアクセスしようとした場合に，一つのスレッドからのアクセスのみを許し，他方は待たされます．これは，マルチスレッドプログラムにおいて，値の一貫性が保たれるという利点を生みます．逆に，他のスレッドは待たされるため，時間効率が低下するという問題を生じます．したがって，これらは利用状況に応じて使い分けることになります．

同じ関係は HashMap と HashTable の間にもあります．HashMap は多数のスレッドからのアクセスを許し，HashTable はそれを禁止します．

11.7　Stream

処理を多段に連結し，データが上流から下流に流れるように処理される仕組みを **Stream** といいます．10 章にもストリームという言葉が出てきましたが，ここで述べる Stream は別の話です．Stream もラムダ式と同様に，関数型言語の影響を受けた機能です．Lisp という古い関数型言語では，マッピングという機能があり，与えられたリストのすべての要素に対して，同じ処理を実行することができました．Stream は，複数のマッピング処理を連結して実行できるようになっています．

プログラム 11.11 は，多数の都市名をソートし，そのソート順で都市名を出力するという単純なものです．これを実現するために，いままで述べた方法でも対応可能です．一方，Stream を用いることにより，処理を流れで記述できるため，データの集まりに対してどのような処理が実行されているかをわかりやすく記述することができます．また，ストリームには各要素を逐次処理する直列型のストリームの他，並列計算を行う並列型のストリームもあります．現在の CPU はマルチコアという，並列演算を行うためのハードウェアが備わっているものがあります．並列型ストリームの利用により，Java コンパイラが（可能であれば）並列化し

てくれます.

[プログラム 11.11: ch11/SortString.java]
```
1    import java.util.*;
2    class SortString {
3       public static void main(String[] args) {
4          List<String> lst=Arrays.asList("Cicago","Tokyo","London",
5                                         "Paris","Berlin",
6                                         "Newyork","Kyoto","Rome",
7                                         "Bankok","Frankfurt");
8          lst.stream().sorted().forEach(s->System.out.println(s));
9       }
10   }
```

さて，プログラム 11.11 の 4 行目では，Arrays クラスの asList メソッドで，引数で与えられた多数の文字列を List 型オブジェクトに変換しています．8 行目がストリームを用いて，List 型オブジェクトの lst からストリームを取得し，ソートし，結果を出力する，という一連の処理を行っています．ストリームを用いたプログラムでは，この例のように，メソッド間をドット（.）で結んだ書き方をします．

[実行例]
```
Bankok
Berlin
Cicago
Frankfurt
Kyoto
London
Newyork
Paris
Rome
Tokyo
```

8 行目で行っている処理をもう少し詳しく説明します．lst につづく stream() で lst からストリームを得ています．つぎの sorted はストリームのデータに対して，昇順のソートを行い，結果のストリームを返します．最後に forEach の引数にもラムダ式が与えられていますが，結果を順にコンソールに出力しています．

つまり，ストリームによるプログラムは，
- ストリームの取得
- ストリームを結果として返す中間操作（ソート）
- 終端操作（結果の表示）

からなります．中間操作は，結果としてストリームを返す処理を多段階に重ねることができます．

プログラム 11.11 の 8 行目は，つぎのように書くこともできます.
```
lst.stream().sorted().forEach(System.out::println);
```

最後の，forEach の引数で与えているラムダ式の形が変わりました．この部分はメソッド参照と呼ばれる記法を使っています．つぎの条件が満たされるとき，メソッド参照を使うことができます．

- ラムダ式で，ただ一つの文が実行される．
- ラムダ式の引数と，そこで呼び出されている処理の引数が一致する．

`forEach(s->System.out.println(s))` は，上の二つの条件を満たしています．そのときには，「オブジェクト::メソッド名」という形に単純化できます．

章 末 問 題

【1】 Math クラスの，つぎの二つのメソッドを用いて，$r = \sin(30°)$ を求める文を書きなさい．
```
double Math.sin(double a);
double Math.toRadians(double a);
```

【2】 つぎのプログラムはコンパイルエラーとなる．理由を述べなさい．
```
class MathSample {
    public static void main(String[] args) {
        double a=new Math();
        double b=a.max(10.0,20.0);
    }
}
```

【3】 つぎのように宣言されたクラス ClassA の 1 引数コンストラクタを用いて，(文 A) では整数型のデータ 10 をもち変数名 objA のオブジェクトを，(文 B) では String 型のデータ "String Data" をもつ，変数名 objB のオブジェクトを作成したい．それぞれの文を示しなさい．
```
class ClassA<T> {
    T data;
    public ClassA(T d) {
        data=d;
    }
    public static void main(String[] args) {
        (文 A) ;
        (文 B) ;
    }
}
```

【4】 Java における基本データ型 int とラッパークラス Integer の違いを説明しなさい．

【5】 つぎのプログラムをコンパイルしたところ，下の実行例に示す警告メッセージが出された．このメッセージが出されないようにプログラムを修正しなさい．
```
import java.util.ArrayList;
class ClassB {
    public static void main(String[] args) {
        ArrayList ary=new ArrayList();
```

```
            double[] data={1.0, 2.5, 3.0, 4.4, 6.3};
            for(int i=0; i<data.length; i++)
                ary.add(data[i]);
        }
    }
```

[実行例]
```
%> javac ClassB.java
注:ClassB.java の操作は、未チェックまたは安全ではありません。
注:詳細については、-Xlint:unchecked オプションを指定して再コンパイルして
ください。
```

【6】表 11.4 の左列には行いたいデータ操作と条件を示している．この条件に最も適するものを下の選択肢から選び，記号で答えなさい．

表 11.4 問題【6】の表

満たす条件	適する構造またはクラス
データ型が多様な集合を管理し，投入順に取り出したい．	(1)
データを投入順と逆順に取り出したい．	(2)
あるクラスのオブジェクトが数値フィールドをもち，その値で降順にデータを取り出したい．	(3)
住所録で，名前をキーとして与えたとき，高速に住所を知りたい．	(4)

〔選択肢〕
  (a)　HashMap　　(b)　ArrayList　　(c)　Stack　　(d)　PriorityQueue

【7】配列とコレクション型の ArrayList との利用上の違いを説明しなさい．

演　　習

11.1 以下に示すクラス Distance のインスタンスの要素を優先順位付きキュー（PriorityQueue）で管理し，フィールド値 dist の値が小さいものから順に取り出すプログラムを書きなさい．
```
class Distance {
    double dist;
    String name;
}
```

11.2 Point クラスのオブジェクトを TreeSet クラスで管理し，問合せの点 $q(x, y)$ が与えられたとき，その点が集合中に存在するか否かを判定するメソッドを示しなさい．

12 マルチスレッド

Java Programming

　一つのプログラムは，記述された命令を一つずつ読み込みながら条件判定や繰り返しなどの指示に従って処理を進めます．この処理の流れ，筋道をスレッド（thread）と呼びます．Javaでは，一つのプログラムの中で並行して同時に実行される複数のスレッドを記述し動かすことができます．これをマルチスレッドと呼びます．もちろん，一つのCPUで一時に実行できる命令は一つであるため，OSが短時間間隔でスレッドを切り替えながら実行することになります．本章では，このマルチスレッドプログラミングについて，スレッドの生成法，スレッドへの割込み，スレッド間の同期と通信について述べます．

12.1　Threadクラスによるマルチスレッドの実現

　いままで記述してきたJavaプログラムは一つのスレッドで構成されています．このスレッドのことをメインスレッドと呼びます．メインスレッドはmainメソッドが実行されるときつくられます．メインスレッドの他にスレッドをつくり，並行して実行するのがマルチスレッドのプログラムです．

　Javaでスレッドを生成するには二つの方法があります．一つは **Thread**（java.lang.Thread）クラスを用いるものであり，他の一つは **Runnable**（java.lang.Runnable）インタフェースを用いるものです．クラスは一つの親クラスしか継承できないため，Thread以外のクラスを継承する必要がある場合には，Runnableインタフェースを実装します．本節では，まずThreadクラスを用いる方法について述べます．また，Runnableインタフェースを用いる方法については次節で述べます．

　図 **12.1** にマルチスレッドの概要を示します．mainスレッドはmainメソッドの起動と共につくられます．そのmainスレッド内でThreadのインスタンスを作成し，Threadクラスの `start()` メソッドが呼ばれることにより，一つのサブスレッドが生成され，そのスレッドでの実行が開始されます．サブスレッドで実行されるコードは，Threadクラスの `run()` メソッドをオーバーライドした内容（runメソッドに書かれている内容）です．つまり，サブスレッドで実行したい内容は，このrunメソッドの中に記述します．

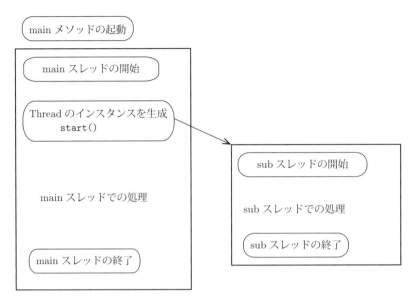

図 12.1　スレッドの生成

プログラム 12.1 では，一つのサブスレッドを生成しています．メインスレッドとサブスレッド共に，1 秒間待ってからコンソールにメッセージを表示する処理を 5 回ずつ繰り返しています．

[プログラム 12.1: ch12/ThreadSample.java]

```
1   class SubThread extends Thread {
2       public SubThread() {
3           start();
4       }
5       public void run() {
6           try {
7               for(int i=0; i<5; i++) {
8                   Thread.sleep(1000);
9                   System.out.println("SubThread:"+i);
10              }
11          }catch(Exception e) {
12              System.out.println(e);
13          }
14      }
15  }
16  class ThreadSample {
17      public static void main(String[] args) {
18          SubThread th=new SubThread();
19          try {
20              for(int i=0; i<5; i++) {
21                  Thread.sleep(1000);
22                  System.out.println("MainThread:"+i);
23              }
24          }catch(Exception e) {
25              System.out.println(e);
26          }
27      }
```

28   }

このプログラムの実行結果を以下に示します．MainThreadと表示された出力はメインスレッドからのものであり，SubThreadと表示された出力はサブスレッドからのものです．

[実行例]
```
% java ThreadSample
MainThread:0
SubThread:0
MainThread:1
SubThread:1
MainThread:2
SubThread:2
MainThread:3
SubThread:3
MainThread:4
SubThread:4
```

1行目から15行目までがThreadクラスを継承するSubThreadクラスです．この中には，SubThreadのコンストラクタが書かれ，runメソッドがオーバーライドされています．先に述べたように，サブスレッドで実行させる内容はここに書かれます．

表 12.1　Thread クラスの主なメソッド（抜粋）

戻り値の型	メソッド名	説明
Thread	currentThread()	現在実行中のスレッドへの参照を返す．
String	getName()	スレッドの名前を返す．
int	getPriority()	スレッドの優先順位を返す．
void	interrupt()	スレッドに割り込む．
boolean	isAlive()	スレッドが生存しているかを判定する．
void	join()	スレッドの終了を待つ．
void	run()	このメソッドをオーバーライドすることにより，スレッドで実行させる内容を記述する．
void	setName(String name)	スレッドの名前を name に変更する．
void	setPriority(int pri)	優先順位を pri に変更する．
void	sleep(long ms)	実行中のスレッドを指定されたミリ秒数〔ms〕の間スリープさせる．
void	start()	スレッドの実行を開始する．Java 仮想マシンは，このスレッドの run メソッドを呼び出す．
String	toString()	スレッド名，優先順位，スレッドグループを含む，このスレッドの内容を返す．
void	yield()	現在実行中のスレッドを一時的に休止させ，他のスレッドを実行できるようにする．

2行目から4行目のコンストラクタでは，サブスレッドを開始（start）させています．5行目がrunメソッドであり，これはstartメソッドにより自動的に呼び出されます．runメソッドで行っている内容は，8行目でスレッドを1秒（1000ミリ秒）sleepさせ，9行目でiの値を出力しています．これを5回繰り返しています．6行目からtryブロックで囲まれていますが，これは別のスレッドがこのスレッドに割り込んだ場合にInterruptedException例外を発生させる可能性があるためです．この割込みについては，12.3節で述べます．

17行目以降がmainメソッドです．18行目では，上で定義したSubThreadクラスのコンストラクタを呼び，インスタンスを作成しています．このインスタンス作成により，2行目から4行目のコンストラクタが呼ばれ，サブスレッドが開始（start）することになります．メインスレッドでも19行目以降は，サブスレッドと同じ内容を実行しています．

実行例では，メインスレッドとサブスレッドは交互に実行されています．しかし，このようなメインスレッドとサブスレッドとの実行はつねに交互に行われる保証はありません．

メインスレッドは，通常のプログラムと同じに起動したクラスのmainメソッドの処理を実行し終わった時点で終了します．一方，サブスレッドはrunメソッドの内容を実行し終わった時点で終了します．

本章で述べるThreadクラスの主なメソッドを表12.1にまとめます．

12.2　Runnableインタフェースによるマルチスレッドの実現

ここでは，上で述べたものと同じプログラムをRunnableインタフェースを用いて実現します．サブスレッドがThread以外のクラスも継承する必要がある場合には，Rannableインタフェースを実装します．このプログラム例をプログラム12.2に示します．

[プログラム12.2: ch12/RunnableSample.java]

```
1    class SubThread implements Runnable {
2        public void run() {
3            try {
4                for(int i=0; i<5; i++) {
5                    Thread.sleep(1000);
6                    System.out.println("SubThread:"+i);
7                }
8            }catch(InterruptedException e) {
9                System.out.println(e);
10           }
11       }
12   }
13   class RunnableSample {
14       public static void main(String[] args) {
15           SubThread sth=new SubThread();
16           Thread th=new Thread(sth);
17           th.start();
18           try {
19               for(int i=0; i<5; i++) {
20                   Thread.sleep(1000);
21                   System.out.println("MainThread:"+i);
22               }
```

```
23              }catch(InterruptedException e) {
24                  System.out.println(e);
25              }
26          }
27      }
```

　前節の例との大きな差は，15 行目で SubThread のインスタンスをつくり，16 行目でそれを引数として Thread のインスタンスをつくっている点です．Thread のコンストラクタの引数に Runnable が実装されたクラスを指定します．また 17 行目で SubThread クラスの run メソッドの実行が開始します．

12.3　スレッドへの割込み

　先の例では，sleep により実行を 1 秒間停止させていました．この sleep 状態にあるスレッドに割込みをかけることにより，sleep 状態を解除することができます．また，先の例ではただ一つのサブスレッドを走らせましたが，スレッドは多数走らせることができます．その際に，おのおののスレッドを区別するために，各スレッドに異なる名前を付けることができます．

　これらの例をプログラム 12.3 に示します．

[プログラム 12.3: ch12/InterruptSample.java]
```
1   class SubThread extends Thread {
2       int times;
3       public SubThread(String name) {
4           super(name);
5       }
6       public void run() {
7           for(times=0; times<5; times++) {
8               try {
9                   Thread.sleep(1000);
10              }catch(InterruptedException e) {
11                  System.out.println(getName()+" is interruped");
12              }
13              System.out.println(getName()+"  "+times);
14          }
15      }
16  }
17  class InterruptSample {
18      public static void main(String[] args) {
19          Thread mainThread=Thread.currentThread();
20          SubThread th1=new SubThread("SubThread A");
21          SubThread th2=new SubThread("SubThread B");
22          th1.start(); th2.start();
23          try{
24              for(int i=0; i<5; i++) {
25                  Thread.sleep(500);
26                  System.out.println(mainThread.getName()+"  "+i);
27              }
28          }catch(InterruptedException e) {
29              System.out.println(e);
```

```
30              }
31              while(th2.times < 5) {
32                  if(th2.isInterrupted()==false) {
33                      th2.interrupt();
34                      System.out.println("Send th2 interrupt");
35                  }
36              }
37          }
38      }
```

3行目から5行目では，プログラム12.2で用いた無引数コンストラクタの代わりに，String型の引数を一つもつコンストラクタに変えました．ここで，引数 name を親クラスのコンストラクタに渡しています．これにより Thread クラスのコンストラクタを用いて，スレッドに名前を与えています．また，プログラム12.1ではコンストラクタ内でスレッドを start させていましたが，これを main 中で行うように変えています（22行目）．このように，start はコンストラクタ内からでも外部からでも行うことができます．

10行目の catch 節の InterruptedException は，このスレッドが他から割込みを受けたときに発生する例外です．後に述べるように，main スレッドはサブスレッドに割込みを発生させます．そのとき，getName メソッドでこのスレッドの名前を得て，どのスレッドが割込みを受けたかを表示しています．

18行目からが main スレッドの処理です．19行目では，currentThread() メソッドにより，メインスレッドを得ています．これは，26行目の getName メソッドを呼ぶための準備です．メインスレッドには名前を与えていませんが，main という名前が自動的に割り当てられます．

main 中の20行目，21行目でそれぞれ異なる名前を付けたスレッドを2本作成しています．また，22行目でそれぞれのメソッドをスタートさせています．

メインスレッドで5回の繰り返しが終了した後，31行目で，th2 の繰り返し回数（times）が5回以下のとき th2 のスレッドに割込みをかけています（33行目）．この割込みにより，th2 は sleep 状態を抜け出します．この割込みの手順をもう少し詳しくみると，つぎのようになります．32行目では，`th2.isInterrupted()` により th2 が割り込まれているか調べ，割り込まれていないとき th2 に割込みをかけています．この割込みにより，スレッド th2 は sleep 状態から抜け出します．またそのとき，10行目の例外が発生し，11行目が実行されることになります．

実行結果を以下に示します．ここには main, SubThread A, SubThread B の合計3本のスレッドが並列実行されている様子が示されています．main の sleep 時間は0.5秒に設定されており，他の二つのスレッドはそれが1秒に設定されているため，main が他の2倍早く終了しています．main が繰り返しを終了した後，SubThread B に対して割込みをかけるため，SubThread B の表示がつづいています．その後，SubThread A は1秒ごとにメッセージを出力し終了します．

[実行例]
```
% java InterruptSample
main    0
SubThread B   0
SubThread A   0
main    1
main    2
SubThread A   1
SubThread B   1
main    3
main    4
Send th2 interrupt
SubThread B is interruped
Send th2 interrupt
SubThread B   2
Send th2 interrupt
SubThread B is interruped
SubThread B   3
Send th2 interrupt
SubThread B is interruped
SubThread B   4
SubThread A   2
SubThread A   3
SubThread A   4
```

この例では，sleep 状態のスレッドに割込みをかけています．この場合には割込みにより sleep 状態はただちに解除されます．一方，割り込まれる側がなんらかの処理（例えばデータのソーティング）を行っているとき，割込みによりその処理がただちに中断されるわけではありません．割り込まれても実際に処理が中断されるまでに時間を要する場合があることを覚えておいてください．

12.4　スレッドの終了を待つ

スレッド間で作業を分散するとき，一つのスレッドの演算が終了するのを待たなければ別のスレッドの作業が行えない場合があります．プログラム 12.4 はそのような例を示しています．

[プログラム 12.4: ch12/JoinSample.java]
```
1   import java.util.Arrays;
2
3   class CommonData {
4       int median;
```

```
5    }
6    class SubThread extends Thread {
7        private final int DATA_NUMBER=1001;
8        CommonData com;
9        public SubThread(CommonData c) {
10           com=c;
11           start();
12       }
13       public void run() {
14           int[] ary=new int[DATA_NUMBER];
15           for(int i=0; i<DATA_NUMBER; i++)
16               ary[i]=(int)(1000*Math.random());
17           Arrays.sort(ary);
18           com.median=ary[DATA_NUMBER/2];
19       }
20   }
21   class JoinSample {
22       public static void main(String[] args) {
23           CommonData com=new CommonData();
24           SubThread th=new SubThread(com);
25           try {
26               th.join();
27           } catch(Exception e) {
28               e.printStackTrace();
29           }
30           System.out.println("Median="+com.median);
31       }
32   }
```

クラス SubThread は，run メソッドにおいてつぎの処理を行っています．

- 配列 ary に DATA_NUMBER 個のデータを乱数により得る（15, 16 行目）．
- 配列 ary の内容を Arrays クラスを用いてソートする（17 行目）．
- 配列 ary 中の中央値（メディアン）を得て，CommonData 型のオブジェクトに代入する（18 行目）．

一方，main スレッドでは，データ交換用のオブジェクト（com）を引数として，SubThread のコンストラクタを呼び出しています（24 行目）．SubThread のコンストラクタでは，start メソッドにより SubThread の処理を開始しています（11 行目）．30 行目は SubThread で得られた中央値を出力してプログラムを終了しています．

26 行目の th.join() は，SubThread の処理の終了を待ちます．つまり，中央値を求める処理が終わり，com に値が代入されるのを待ちます．この処理により正しい中央値が得られます．join() は例外を発生する可能性があるため，例外処理が強制されます．try-catch で囲んでいるのはそのためです．

一方，26 行目をコメントアウトした場合には，main は SubThread を作成した後，ただちに 30 行目を実行することになるため，Median=0 という出力結果になります．SubThread の処理がまだ終了しておらず，com にデータが代入されていないためです．

12.5 スレッド間の同期

一つのリソース（ファイルや共有するメモリ領域）に対して，複数のスレッドから同時にデータを書き込む可能性がある応用では，スレッドが起動するタイミングで結果が異なることがあります．例えば，プログラム 12.5 は 6 席ある座席の予約プログラムを示しています．このプログラムはスレッドが実行されるタイミングによっては同じ座席が 2 重に予約されることがあります．

[プログラム 12.5: ch12/Reservation.java]

```
1    class Seats {
2        boolean[] seat;
3        String[] name;
4        Seats() {
5            seat=new boolean[6];
6            name=new String[6];
7            for(int i=0; i<6; i++)
8                seat[i]=false;
9        }
10       public void reserve() {
11           int i;
12           String userName;
13           for(i=0; i<6 && seat[i]; i++); //空席の確認
14           if(i<6) {                       //空席を予約
15               userName=Thread.currentThread().getName();
16               System.out.println(userName+" reserves seat["+i+"]");
17               seat[i]=true;
18               name[i]=userName;
19           }
20       }
21       public void result() {
22           System.out.println("---------------------------");
23           for(int i=0; i<6; i++) { //予約されていないシートを得る
24               if(seat[i])
25                   System.out.println("  ["+i+"] is reseved by "+name[i]);
26               else
27                   System.out.println("  ["+i+"] is vacant");
28           }
29       }
30   }
31   class User extends Thread {
32       Seats st;
33       public User(String name, Seats s) {
34           super(name);
35           st=s;
36       }
37       public void run() {
38           for(int i=0; i<3; i++)
39               st.reserve();
40       }
41   }
42   class Reservation {
43       public static void main(String[] args) {
```

```
44          Seats seat=new Seats();
45          User usr1=new User("A",seat);
46          User usr2=new User("B",seat);
47          usr1.start();
48          usr2.start();
49          try {
50              usr1.join();
51              usr2.join();
52          } catch(InterruptedException e) {};
53          seat.result();
54      }
55  }
```

この実行結果（の一例）を以下に示します．ただし，つねに同じ結果が得られるとはかぎりません．この例では，座席 0 から 2 は，毎回まず A により予約され，つぎに同じ席が B により再度予約されています．その結果，すべての席が後で予約された B のものとなっています．

[実行例]
```
% java Reservation
A reserves seat[0]
B reserves seat[0]
A reserves seat[1]
B reserves seat[1]
A reserves seat[2]
B reserves seat[2]
---------------------------
  [0] is resevated by B
  [1] is resevated by B
  [2] is resevated by B
  [3] is vacant
  [4] is vacant
  [5] is vacant
```

まずプログラムを説明します．クラス Seats が座席の予約状況を管理しているクラスです．座席は 6 席あり，フィールド seat は，席が予約済み（true）か空き（false）かを表しています．またフィールド name には予約したスレッドの名前（この例では A か B か）が入れられます．メソッド reserve では，空席を順に探していき，最初に見つかった座席を予約します．メソッド result は予約状況を表示する関数です．

クラス User は Thread を拡張しています．このクラスの目的は，3 席分を予約することです．このクラスは，すべての User 間で共有される Seats のインスタンス st をもっています．このスレッドが起動されると，run メソッドに示されているように座席の予約を 3 回行います．

クラス Reservation が main メソッドを含むクラスです．ここでは，Seats のインスタンス seat をつくり，つぎに User のインスタンスを二つ生成しています．そして，start によりおのおののスレッドの実行を開始しています．join メソッドによりそれぞれのスレッドの終

了を待ち，最後に Seats の result メソッドを呼び出して結果を表示しています．

ここで問題となるのは，13 行目での空席の発見と，14 行目以降での空席の確保との間に時間差が生じることです．このプログラムは，一方のスレッドが Seats のメソッド reserve を呼び出し，空席を調べて最初に見つかった空席に予約を入れます．問題はこの予約が終了する前に，別のスレッドが同じ座席を空席であると判断し，そのスレッドも同じ席に予約する可能性があることです．これを防ぐためには空席の確認と予約を一つの塊とみなし，この部分の実行が他のスレッドと競合しないように行われる必要があります．この問題への対応は，下に示すように Seats の reserved ソッドの宣言（10 行目）に synchronized 修飾子を付けるのみで行えます．

```
public synchronized void reserve() {
```

この synchronized 指定により，メソッド reserve を実行できるスレッドは一つに限られることになります．この状態で，他のスレッドが reserve を実行しようとすると，先のスレッドが起動した reserve が終了するまで待たされます．つまり，Seats がもつデータ（seat と name）には同時には一つのスレッドからの reserve 呼び出ししか実行されないことになります．この仕組みにより一貫性が保障されます．

この改良を行った場合の実行結果を以下に示します．今度は，座席 0 から 2 までが UserA により予約され，座席 3 から 5 が UserB により予約されています．

```
[実行例]
% java Reservation
A reserves seat[0]
A reserves seat[1]
A reserves seat[2]
B reserves seat[3]
B reserves seat[4]
B reserves seat[5]
--------------------------
   [0] is resevbed by A
   [1] is resevbed by A
   [2] is resevbed by A
   [3] is resevbed by B
   [4] is resevbed by B
   [5] is resevbed by B
```

12.6　スレッド間通信

2 種類のスレッドがあり，一つのスレッドはデータを準備し，他のスレッドがそのデータを処理する状況を考えます．この場合に，2 種類のスレッド間でデータを受け渡す仕組みが必要になります．共有するデータは，あるクラスのフィールドとして用意したり，ファイル

で受け渡すことが考えられます．ここで対象とする手順は，一方のスレッドがデータの準備を完了させた後，その完了を他のスレッドに伝え，その通知を受け取った後，他方のスレッドがそのデータを読み込むことです．すなわち，ここではスレッド間での通信が必要となります．

プログラム 12.6 は，スレッド間通信の簡単な例を示しています．1 方のスレッドが，乱数を発生させることによりデータを準備し，他のスレッドは，その数値が素数であるか判定しています．

[プログラム 12.6: ch12/ThreadCommunication.java]

```
1    class IntData {
2        private int val=0;
3        private boolean valset=false;
4        public synchronized void setVal(int data) {
5            while(valset == true) {
6                try{wait();}
7                catch(InterruptedException e) {}
8            }
9            val=data;
10           valset=true;
11           notify();
12       }
13       public synchronized int getVal() {
14           while(valset==false) {
15               try{ wait();}
16               catch(InterruptedException e) {}
17           }
18           valset=false;
19           notify();
20           return val;
21       }
22   }
23   class GenerateData extends Thread {
24       IntData dt;
25       public GenerateData(IntData d) {
26           dt=d;
27       }
28       public void run() {
29           for(int i=0; i<3; i++) {
30               double r=Math.random();
31               int data=(int)(r*100000+1);//1 以上の乱数を発生する
32               dt.setVal(data);
33           }
34       }
35   }
36   class JudgePrime extends Thread {
37       IntData dt;
38       public JudgePrime(IntData d) {
39           dt=d;
40       }
41       public void run() {
42           int data=0;
43           for(int i=0; i<3; i++) {
44               data=dt.getVal();
45               boolean succ=false;
```

```
46              for(int j=2; j< data; j++)
47                  if((data % j)==0)
48                      succ=true;
49              if(succ==false)
50                  System.out.println(data+" is prime");
51              else
52                  System.out.println(data+" is composit");
53          }
54      }
55  }
56  class ThreadCommunication {
57      public static void main(String[] args) {
58          IntData data=new IntData();
59          GenerateData gd=new GenerateData(data);
60          JudgePrime gp=new JudgePrime(data);
61          gd.start();
62          gp.start();
63      }
64  }
```

このプログラムでは，クラス IntData を介して二つのスレッド間でデータが共有されます．メソッド setVal（4行目）は，フィールド val に値をセットします．しかし，このメソッドには synchronized 修飾子が付けられており，前に述べたように一度に一つのスレッドしかこのデータにはアクセスできません．またフィールド valset（3行目）は，setVal により，値が設定されているとき，真値をとります．この値はメソッド getVal により値が読み込まれた後，偽に代えられます．したがって，4行目からの setVal では valset が真のうち（すなわち，初期状態か，または他のスレッドにより値が読み取られるまで）待ち，値を設定します．

このメソッドの中で wait() と notify() が用いられていますが，これらのメソッドはそれぞれつぎの意味をもっています．まず wait() は処理対象のオブジェクトに対する処理を待機します．notify() は，wait() により実行待ちになっているスレッドを一つ再開させます．この他に notifyAll() というメソッドもあり，それは実行待ちになっているすべてのスレッドを再開させます．

13行目からのメソッド getVal は，val の値を取り出すメソッドです．ここでも同様な仕組みが用いられており，valset の値が偽のうち，すなわち val に値が設定されるまで実行を待機し，再開した後 val の値を設定し，valset を真に代えています．

23行目からのクラス GenerateData では，乱数により整数値を生成しています．ここでは，1以上10000以下の整数値が生成されます．生成された値は setVal により，クラス IntData の val に設定されます．

36行目からのクラス JudgePrime は，整数値を受け取り，その値が素数か合成数かを判定しています．ある数（data）が素数かどうか判定するために，2以上 data − 1 以下の数で順に割り切れるかどうか調べ，どれによっても割り切れないときに素数と判定しています．この部分は，簡単に効率化できますが，ここでは素数判定が主の話題ではないため，単純なアルゴリズムを用いています．実行例を以下に示します．

[実行例]
```
% java ThreadCommunication
99602 is composit
67967 is prime
9674 is composit
```

章 末 問 題

【1】 マルチスレッドプログラムを作成する際に，Thred クラスを拡張する方法と，Runnable インタフェースを実装する方法の二つがある．利用時における両者の差異について述べなさい．

【2】 クラス Thread において，スレッドを起動する方法について述べなさい．

【3】 つぎのクラスのフィールド seat の値の参照と修正をメソッド alter() を使って行うものとする．多数のスレッドが同時に alter() を通じて seat の値を変更することを禁止したい．このメソッドの宣言に付けられる修飾子をどのように変えればよいか答えなさい．

```
class ClassC {
    private boolean[] seat;
    public void alter() {
        省略
    }
}
```

【4】 クラス Thread において，interrupt() メソッドが行う処理について述べなさい．

付録　Javaのドキュメント

Javaのクラスライブラリーを用いたプログラム作成にはドキュメントの参照が欠かせません．Javaのドキュメントは，http://www.oracle.com/technetwork/jp/java/javase/documentation/api-jsp-316041-ja.html から見ることができます．Javaに用意されている各クラスのマニュアルは，「コアAPIドキュメント」と書かれた中から選択します．ここでは，バージョン8の日本語を選択すればよいでしょう．そこをクリックすると，図1の画面が表示されます．

図中，左上にAと書かれた部分では，パッケージを選択します．また，Bと書かれた部分にはAで選ばれたパッケージ中のクラスやインタフェースの一覧が表示されます．B欄から

図1　APIマニュアル

一つ選択すると，そのクラス（またはインタフェース）の説明が C の部分に表示されます．もしパッケージ名がわからない場合には，A の上部で「すべてのクラス」を選択してください．B の部分にすべてのクラスがアルファベット順に表示されます．

C の部分のクラス（またはインタフェース）の説明は，一般に以下の項目から構成されています．

1. クラスの継承関係
2. クラスの概要説明
3. フィールドの概要
4. コンストラクタの概要
5. メソッドの概要
6. スーパークラスから継承されたメソッドの一覧
7. フィールドの詳細説明
8. コンストラクタの詳細説明
9. メソッドの詳細説明

図 2 は，java.util.ArrayList を選択して，表示させたときに C の部分に表示される上部を拡大したものです．D の部分には，このクラスが java.util パッケージに属し，**ArrayList<E>** からはジェネリク引数をもつことがわかります．E の部分は，このクラスの継承関係を示しています．このクラスが，AbstractCollection や AbstractList をスーパークラスにもつことがわかります．F にはこのクラスが実装しているインタフェースが示されています．G には，このクラスを拡張したクラスが示されています．

ArrayList では，以下にこのクラスの説明があり，その後，フィールド，コンストラクタ，メソッドのサマリーがつづきます．図 3 はメソッドのサマリー欄の一部を示しています．「修

図 2　ArrayList の表示例

メソッドのサマリー

すべてのメソッド　インスタンス・メソッド　具象メソッド

修飾子と型	メソッドと説明
boolean	**add**(E e) このリストの最後に、指定された要素を追加します。
void	**add**(int index, E element) このリスト内の指定された位置に指定された要素を挿入します。
boolean	**addAll**(**Collection**<? extends **E**> c) 指定されたコレクション内のすべての要素を、指定されたコレクションのイテレータによって返される順序でこのリストの最後に追加します。
boolean	**addAll**(int index, **Collection**<? extends **E**> c) 指定されたコレクション内のすべての要素を、このリストの指定された位置に挿入します。
void	**clear**() このリストからすべての要素を削除します。

図 3　メソッドのサマリー

飾子と型」の欄には戻り型が,「メソッドと説明」には各メソッドの引数や機能の概略が書かれています. ここで, メソッド名の部分をクリックすると, そのメソッドの詳細にジャンプします.

索　　引

【あ】

アクセス修飾　68
アノテーション　75, 148
アプリケーション　3
アンボクシング　53

【い】

委任イベントモデル　121
イベント　121
イベントソース　121
イベントハンドラ　73, 121
インクリメント演算子　12
インスタンス　36
インスタンスフィールド　45
インスタンス変数　45
インタフェース　83
　　――の実装　84
インライン CSS　129

【え】

演算子　12
　　――の優先順位　16

【お】

オーバーライド　61
オーバーロード　38
オブジェクト　36
親クラス　58, 60

【か】

外部クラス　73
拡張 for 文　22, 196
型引数　91
可変個の引数　29
可変長引数　29
仮引数　27
関係演算子　13
関数型インタフェース　98, 122

【き】

キーボードイベントの処理　156
擬似乱数　182

基本データ型　9
キャスト　26, 66

【く】

空白文字　166
区切り文字　168
クラス　7, 33
　　――の拡張　58, 60
　　――の継承　58
クラスフィールド　46
クラス変数　46
クラスメソッド　47
クラスライブラリー　101, 182
グラフィックコンテキスト　151
繰り返し　21
グリッドレイアウト　126

【け】

ゲッタ　69

【こ】

コアクラス　2
子クラス　58, 60
コメント　24
コレクション　187
コレクション型　191
コレクションクラス　187
コンストラクタ　34, 42
コンテナ　118
コントロール　119
コンパレータ　95
コンボボックス　141

【さ】

サブクラス　58, 60
サブパッケージ　101
算術演算子　12
参　照　41

【し】

シーングラフ　123, 148
識別子　10
シグネチャ　39, 80

自然な順序づけ　191
実引数　28
条件演算子　16
条件分岐　19

【す】

数学関数　182
スーパークラス　58, 60
スクロールバー　140
図形描画　150
ストリーム　163
スライダ　145
スレッド　201
　　――の終了を待つ　207
スレッド間通信　212
スレッド間の同期　209, 211

【せ】

正規表現　168
制御構造　19
静的インポート　102
セッタ　69
線の太さ　153

【そ】

総称型　90
ソーティング　95

【た】

ダイアモンド演算子　92
ダイアモンド記法　192
多重継承　80, 83
多重定義　38
単項演算子　13

【ち】

チェックボックス　135
抽象クラス　82
抽象メソッド　82

【て】

定　数　10
テキストエリア　140

索引　219

テキストフィールド	139	フォント	129	メッセージパッシング	35
デクリメント演算子	12	浮動小数点型	10	【も】	
デフォルト値	42	プルダウンメニュー	143		
デフォルトのコンストラクタ	42	ブロック	9	文字ストリーム	163
デフォルトパッケージ	101	【へ】		文字定数	10
【と】				文字の色	129
		並列型ストリーム	197	文字列結合演算子	14
統合開発環境	76	変数のスコープ	24	【ゆ】	
動的結合	66	【ほ】			
匿名クラス	96			優先順位	16
【な】		ボーダーレイアウト	124	【よ】	
		ボクシング	53		
内部クラス	72	ポリモーフィズム	64, 82	予約語	11
【は】		【ま】		【ら】	
背景色	129	マウス	154	ラジオボタン	137
バイトコード	1	マウスイベント	154	ラッパークラス	53
バイトストリーム	163, 172	──の処理	154	ラベル付き break 文	23
配列	17	マッピング	197	ラムダ式	122, 136, 140, 198
パッケージ	101, 103	マルチスレッド	201	ランダムアクセスファイル	175
パッケージ内	68	【む】		【れ】	
ハッシュコード	191				
バッファリング処理	163	無名クラス	96	レイアウト	118
【ひ】		無名内部クラス	73, 96	例　外	107
		無名のパッケージ	101	列挙型	26
ビット演算子	14	【め】		【ろ】	
標準入出力	163				
標準ライブラリー	101	命名規則	11	論理演算子	13
【ふ】		メインスレッド	201	【わ】	
		メソッド	7, 27, 34, 37		
ファイルチューザ	177	──のシグネチャ	39	割込み	205
フィールド	33, 37	メソッド参照	199		

【A】		BufferedOutputStream	172	ComboBox	141
		Button	120	Comparable	94, 96, 190
abstract	82	byte	9	Comparator	95, 189
abstract 修飾子	83	【C】		continue 文	23
ActionEvent	121			CSS	129
Application クラス	118	Canvas	151	CUI	116
Arc	150	catch ブロック	109	【D】	
ArithmeticException	108	char	9		
ArrayList クラス	191	CharSequence クラス	92	DataInputStream	172
Arrays	184	CheckBox	135	DataOutputStream	172
Arrays クラス	94	ChoiceBox	143	double	9
【B】		Circle	150	do-while 文	21
		class	1, 7	【E】	
boolean	9	CLASSPATH	106		
BorderLayout	124	classpath	105	Ellipse	150
break 文	23	Color クラス	153	enum 型	26

Error	107	jar	2, 105	PrintWriter	170
Exception	107	java	2	PriorityQueue クラス	195
Exception クラス	108	Java 仮想マシン	1	private	68
extends	61	javac	2	protected	68
ExtensionFilter	178	JavaFX	116	public	68

【F】

		Java SE	2	【Q】	
		javaw	117		
File	171	JDK	2	QuadCurve	150
FileChooser	177	JIT コンパイラ	2	Queue	188
FileOutputStream	172	JRE	1		
Files	171			【R】	
final	10	【K】			
final 修飾子	38, 90	KeyEvent	156	RadioButton	137
finally ブロック	109			Random	182
float	9	【L】		RandomAccessFile	175
FlowPane	127	Label	120	Rectangle	150
for 文	22	Lambda 式	97	Runnable	201, 204
FXML	146	Line	150		
		LinkedList	197	【S】	
【G】		List	188, 192	Scanner	166
GC	151	LocalDateTime	186	Scene	118
Generics	90	long	9	Set	188
GraphicsContext	151			setOnAction	136
GridLayout	126	【M】		Shape	150
Group	151	main メソッド	4	sleep	205
GUI	116	Map	188	slider	145
GUI アプリケーション	116	Math クラス	182	Stack クラス	193
		MouseButton	154	StackPane	118
【H】		MouseEvent	154	Stage クラス	118
HashMap	197			start	117
HashMap クラス	194	【N】		static	46, 48, 98
HashTable	197	new 演算子	35	Stream	197
HBox	124	notify	213	String クラス	50
		notifyAll	213	StringBuffer	89
【I】		NullPointerException	108	sub–class	60
if 文	19			super	61
implements	84	【O】		super class	60
import	102	Object クラス	70	switch 文	20
inheritance	58	outer class	73	synchronized 修飾子	211, 213
inner class	72			System.err	164
InputStream	164	【P】		System.in	164
instanceof	67	Pane	118	System.out	164
instanceof 演算子	86	Path	168, 170		
Instant クラス	186	Paths	168, 170	【T】	
Integer クラス	53	Polygon	150	TextArea	140
InterruptedException	206	Polyline	150	TextField	139
Iterable	196	polymorphism	64	this	59
Iterator	197	print	15	Thread クラス	201
		printf	15	Throwable	108
【J】		println	15	throws	111
JapaneseDate	187	PrintStream	164, 169	ToggleGroup	137
				TreeSet	189, 195

try ブロック	109	Vector	197	**【記号】**	
try-catch 文	107			@Deprecated	75
try-with-resources	173	**【W】**		@FXML	148
【U】		wait	213	@Override	75
		while 文	21	@SuppressWarnings	76
Unicode	9	**【数字】**			
【V】		2 項算術演算子	12		
VBox	120				

―― 著者略歴 ――

小林　貴訓（こばやし　よしのり）
2000 年　電気通信大学大学院修士課程修了（情報システム運用学専攻）
2000 年　三菱電機株式会社
2007 年　東京大学大学院博士課程修了（電子情報学専攻）
　　　　 博士（情報理工学）
2007 年　埼玉大学助教
2014 年　埼玉大学准教授
　　　　 現在に至る

Htoo Htoo（とう　とう）
2004 年　ヤンゴンコンピュータ大学修士課程修了（計算機科学専攻）
2004 年　ヤンゴンコンピュータ大学助教
〜08 年
2013 年　埼玉大学大学院博士後期課程修了（数理電子情報専攻）
　　　　 博士（工学）
2013 年　埼玉大学助教
　　　　 現在に至る

大澤　裕（おおさわ　ゆたか）
1978 年　信州大学大学院修士課程修了（電子工学専攻）
1982 年　東京大学生産技術研究所助手
1985 年　工学博士（東京大学）
1989 年　埼玉大学助手
1990 年　埼玉大学助教授
1998 年　埼玉大学教授
　　　　 現在に至る

オブジェクト指向言語 Java
Object Oriented Programming Language Java
　　© Yoshinori Kobayashi, Htoo Htoo, Yutaka Ohsawa 2016

2016 年 11 月 2 日　初版第 1 刷発行　　　　　　　　★

検印省略	著　者　　小林　貴訓
	Htoo Htoo
	大澤　　裕

　　　　　発行者　　株式会社　コロナ社
　　　　　　　　　　代表者　牛来真也
　　　　　印刷所　　三美印刷株式会社

112-0011　東京都文京区千石 4-46-10
発行所　株式会社　コロナ社
CORONA PUBLISHING CO., LTD.
Tokyo Japan
振替 00140-8-14844・電話(03)3941-3131(代)
ホームページ http://www.coronasha.co.jp

ISBN 978-4-339-02865-2　（金）　（製本：愛千製本所）
Printed in Japan

本書のコピー，スキャン，デジタル化等の
無断複製・転載は著作権法上での例外を除
き禁じられております。購入者以外の第三
者による本書の電子データ化及び電子書籍
化は，いかなる場合も認めておりません。

落丁・乱丁本はお取替えいたします